18G901
系列图集应用丛书

18G901
平法钢筋翻样与下料

上官子昌 主编

化学工业出版社

·北京·

本书根据 16G101-1、16G101-2、16G101-3、18G901-1、18G901-2、18G901-3 六本图集及《混凝土结构设计规范》（GB 50010—2010）、《建筑抗震设计规范》（GB 50011—2010）编写。全书共分为五章，分别是：钢筋翻样与下料基本知识、框架部分翻样与下料、剪力墙钢筋翻样与下料、楼板钢筋翻样与下料、筏形基础钢筋翻样与下料。

本书内容丰富、通俗易懂、实用性强、方便查阅。本书可供从事平法钢筋设计、施工、管理人员以及相关专业大中专的师生学习参考。

图书在版编目（CIP）数据

18G901平法钢筋翻样与下料/上官子昌主编. —北京：
化学工业出版社，2019.10
（18G901系列图集应用丛书）
ISBN 978-7-122-34967-5

Ⅰ.①1⋯　Ⅱ.①上⋯　Ⅲ.①建筑工程-钢筋-工程施工
②钢筋混凝土结构-结构计算　Ⅳ.①TU755.3②TU375.01

中国版本图书馆 CIP 数据核字（2019）第 164422 号

责任编辑：徐　娟　　　　　　　　　　　文字编辑：吴开亮
责任校对：王鹏飞　　　　　　　　　　　装帧设计：刘丽华

出版发行：化学工业出版社（北京市东城区青年湖南街 13 号　邮政编码 100011）
印　　装：河北鹏润印刷有限公司
787mm×1092mm　1/16　印张 11½　字数 281 千字　2020 年 1 月北京第 1 版第 1 次印刷

购书咨询：010-64518888　　　　　　　售后服务：010-64518899
网　　址：http://www.cip.com.cn
凡购买本书，如有缺损质量问题，本社销售中心负责调换。

定　　价：58.00 元　　　　　　　　　　　　　　　　　　**版权所有　违者必究**

前言
PREFACE

　　平法是把结构构件的尺寸和钢筋等，按照平面整体表示方法制图规则，整体直接表达在各类构件的结构平面布置图上，再与标准构造详图相配合，即构成一套完整的结构施工图的方法。18G901系列图集是对16G101系列图集构造内容、施工时钢筋排布构造的深化设计。与16G101系列图集的面向对象不同，18G901系列图集的主要使用对象是施工企业的技术人员和施工现场一线工人，定位于提供目前国内常用且较为成熟的钢筋排布与构造详图，可有效地指导施工人员进行钢筋施工排布设计、钢筋翻样计算和现场安装，确保施工时钢筋排布规范有序，使实际施工建造满足规范规定和设计要求，并可辅助设计人员进行合理的构造方案选择，实现设计与施工的有机衔接，全面保证工程设计与施工质量。基于此，我们组织编写了此书，系统地讲解了18G901系列图集，方便相关工作人员学习平法钢筋知识。

　　本书根据16G101-1、16G101-2、16G101-3、18G901-1、18G901-2和18G901-3六本图集及《混凝土结构设计规范》（GB 50010—2010）、《建筑抗震设计规范》（GB 50011—2010）编写。共分为五章，包括：钢筋翻样与下料基本知识、框架部分翻样与下料、剪力墙钢筋翻样与下料、楼板钢筋翻样与下料、筏形基础钢筋翻样与下料。本书内容丰富、通俗易懂、实用性强、方便查阅。本书可供从事平法钢筋设计、施工、管理人员以及相关专业大中专的师生学习参考。

　　本书由上官子昌主编，参加编写的人员有于涛、王红微、王媛媛、齐丽娜、白雅君、刘艳君、李东、李瑾、孙石春、孙丽娜、李瑞、何影、张黎黎、董慧、刘静、罗瑞霞、周颖、付那仁图雅。

　　本书在编写过程中参阅和借鉴了许多优秀书籍、图集和有关国家标准，并得到了有关领导和专家的帮助，在此一并致谢。由于作者水平有限，尽管尽心尽力，反复推敲，仍难免存在疏漏或未尽之处，恳请有关专家和读者提出宝贵意见，予以批评指正！

编　者
2019 年 2 月

目录
CONTENTS

5 筏形基础钢筋翻样与下料 / 148

1 钢筋翻样与下料基本知识

1.1 18G901 系列图集简介

1.1.1 平法图集的类型

区别于 16G101 系列国家建筑标准设计图集，18G901 系列图集是对 16G101 系列图集构造内容、施工时钢筋排布构造的深化设计。18G901 系列图集包括：

18G901-1《混凝土结构施工钢筋排布规则与构造详图（现浇混凝土框架、剪力墙、梁、板）》；

18G901-2《混凝土结构施工钢筋排布规则与构造详图（现浇混凝土板式楼梯）》；

18G901-3《混凝土结构施工钢筋排布规则与构造详图（独立基础、条形基础、筏形基础、桩基础）》。

1.1.2 平法图集的适用范围

18G901-1 适用于抗震设防烈度为 6～9 度地区的现浇钢筋混凝土框架、剪力墙、框架-剪力墙、框支剪力墙、筒体等结构的梁、柱、墙、板；适用于抗震设防烈度为 6～8 度地区的板柱-剪力墙结构的梁、柱、墙、板。

18G901-2 适用于抗震设防烈度为 6～9 度地区的现浇钢筋混凝土板式楼梯。

18G901-3 适用于独立基础、条形基础、筏形基础（分为梁板式和平板式）、桩基础的施工钢筋排布及构造。

1.2 钢筋下料的基础知识

1.2.1 钢筋下料长度计算相关概念

1.2.1.1 外皮尺寸

结构施工图中所标注的钢筋尺寸，是钢筋的外皮尺寸。外皮尺寸是指结构施工图中钢筋外边缘至结构外边缘之间的长度，是施工中度量钢筋长度的基本依据。它和钢筋的下料尺寸是不一样的。

钢筋材料明细表（表1-1）中简图栏的钢筋长度 L_1，如图1-1所示。L_1 是出于构造的需要标注的，所以钢筋材料明细表中所标注的尺寸是外皮尺寸。通常情况下，钢筋的边界线是从钢筋外皮到混凝土外表面的距离（保护层厚度）来考虑标注钢筋尺寸的。故这里所指的 L_1 是设计尺寸，不是钢筋加工下料的施工尺寸，如图1-2所示。

表 1-1   钢筋材料明细表

钢筋编号	简图	规格	数量
①	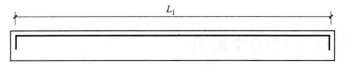	$\phi 22$	2

注：L_1——钢筋长度；L_2——弯钩长度。

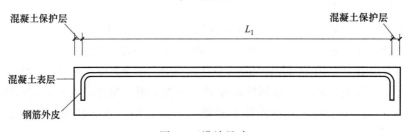

图 1-1   表 1-1 中的钢筋长度

L_1—钢筋长度

图 1-2   设计尺寸

L_1—钢筋长度

1.2.1.2   钢筋下料长度

钢筋加工前按直线下料，加工变形以后，钢筋外边缘（外皮）伸长，内边缘（内皮）缩短，但钢筋中心线的长度是不会改变的。

如图1-3所示，结构施工图上所示受力主筋的尺寸界限就是钢筋的外皮尺寸。钢筋加工

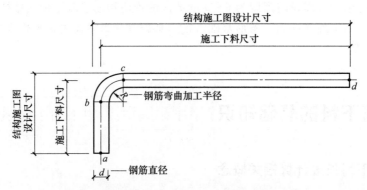

图 1-3   结构施工图上所示受力主筋的尺寸界限

d—钢筋直径；R—钢筋弯曲加工半径；ab—直线段；bc—弧线；cd—直线段

1.2.2　钢筋设计尺寸和施工下料尺寸

1.2.2.1　同样的长梁中有加工直形钢筋和弯折钢筋

参看图 1-10 和图 1-11。

图 1-10　直形钢筋　　　　　　　　　　　　　　　　　图 1-11　弯折钢筋

虽然图 1-10 中的钢筋和图 1-11 中的钢筋两端保护层的距离相同，但是它们的中心线的长度并不相同。下面放大它们的端部便一目了然。

看过图 1-12 和图 1-13，经过比较就清楚多了。图 1-13 中右边钢筋中心线到梁端的距离，是保护层加钢筋直径的一半。考虑两端的时候，其中心线长度要比图 1-12 中的短了一个直径。

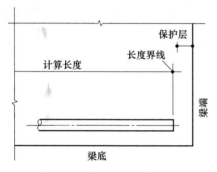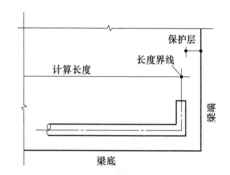

图 1-12　直形钢筋计算长度　　　　　　　　　　　　图 1-13　弯折钢筋计算长度

1.2.2.2　大于 90°、不大于 180°弯钩的设计标注尺寸

图 1-14 通常是结构设计尺寸的标注方法，也常与保护层有关；图 1-15 常用在拉筋的尺寸标注上。

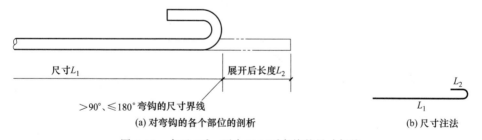

图 1-14　大于 90°、不大于 180°弯钩的尺寸标注

L_1—外皮间尺寸；L_2—弯钩长度

1.2.2.3　用于 30°、60°、90°斜筋的辅助尺寸

遇到有弯折的斜筋，需要标注尺寸时，除了沿斜向标注其外皮尺寸外，还要把斜向尺寸当作直角三角形的斜边，而另外标注出其两个直角边的尺寸，如图 1-16 所示。

从图 1-16 上并不能看出是不是外皮尺寸。如果再看图 1-17，就可以知道它是外皮尺寸了。

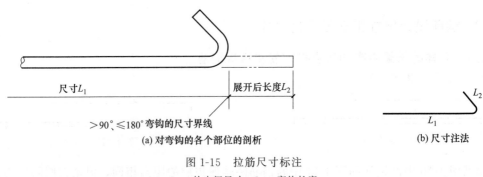

图 1-15　拉筋尺寸标注

L_1—外皮间尺寸；L_2—弯钩长度

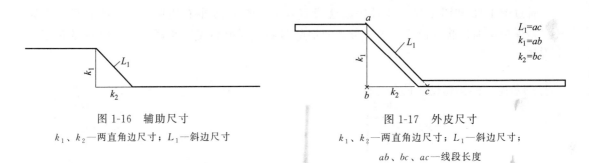

图 1-16　辅助尺寸

k_1、k_2—两直角边尺寸；L_1—斜边尺寸

图 1-17　外皮尺寸

k_1、k_2—两直角边尺寸；L_1—斜边尺寸；
ab、bc、ac—线段长度

1.2.3　基本公式

1.2.3.1　角度基准

钢筋弯曲前的原始状态——笔直的钢筋，弯折以前为 0°。这个 0°的钢筋轴线，就是"角度基准"。如图 1-18 所示，部分弯折后的钢筋轴线与弯折以前的钢筋轴线（点划线）所形成的角度即为加工弯曲角度。

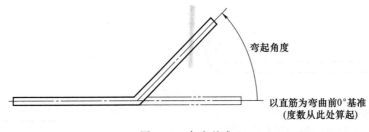

图 1-18　角度基准

1.2.3.2　外皮差值计算公式

（1）小于或等于 90°钢筋弯曲外皮差值计算公式　如图 1-19 所示，钢筋直径为 d；钢筋弯曲的加工半径为 R。钢筋加工弯曲后，钢筋内皮 pq 间弧线，就是以 R 为半径的弧线，设钢筋弯折的角度为 α。

自 O 点引垂直线交水平钢筋外皮线于 x 点，再从 O 点引垂直线交倾斜钢筋外皮线于 z 点。$\angle xOz$ 等于 α。Oy 平分 $\angle xOz$，因此 $\angle xOy$、$\angle zOy$ 均为 $\alpha/2$。

如前所述，钢筋加工弯曲后，其中心线的长度是不变的。$xy + yz$ 的展开长度，同弧线 ab 的展开长度之差，即为所求的差值。

$$|\overline{xy}| = |\overline{yz}| = (R+d) \times \tan\frac{\alpha}{2}$$

$$|\overline{xy}| + |\overline{yz}| = 2 \times (R+d) \times \tan\frac{\alpha}{2}$$

$$\widehat{ab} = \left(R+\frac{d}{2}\right) \times a$$

$$|\overline{xy}| + |\overline{yz}| - \widehat{ab} = 2 \times (R+d) \times \tan\frac{\alpha}{2} - \left(R+\frac{d}{2}\right) \times a$$

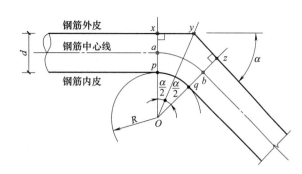

图 1-19　小于或等于 90°钢筋弯曲外皮差值计算示意
d—钢筋直径；R—钢筋弯曲的加工半径；α—钢筋弯折的角度；
xy、yz—线段长度；ab、pq—弧线长度；O—圆心

式中　a——弧度。

以角度 α、弧度 a 和 R 为变量计算的外皮差值公式为：

$$外皮差值 = 2 \times (R+d) \times \tan\frac{\alpha}{2} - \left(R+\frac{d}{2}\right) \times a \tag{1-2}$$

用角度 α 换算弧度 a 的公式如下：

$$弧度 = \pi \times \frac{角度}{180°}\left(即\ a = \pi \times \frac{\alpha}{180°}\right) \tag{1-3}$$

将式（1-2）中角度换算成弧度，即：

$$外皮差值 = 2 \times (R+d) \times \tan\frac{\alpha}{2} - \left(R+\frac{d}{2}\right) \times \pi \times \frac{\alpha}{180°} \tag{1-4}$$

（2）常用钢筋加工弯曲半径的设定　常用钢筋加工弯曲半径应符合表 1-4 的规定。

表 1-4　常用钢筋加工弯曲半径 R

钢筋用途	钢筋加工弯曲半径 R
HPB300 级箍筋、拉筋	$2.5d$ 且 $>d/2$
HPB300 级主筋	$\geqslant 1.25d$
HRB335 级主筋	$\geqslant 2d$
HRB400 级主筋	$\geqslant 2.5d$
平法框架主筋直径 $d\leqslant 25$mm	$4d$
平法框架主筋直径 $d > 25$mm	$6d$
平法框架顶层边节点主筋直径 $d\leqslant 25$mm	$6d$
平法框架顶层边节点主筋直径 $d > 25$mm	$8d$
轻骨料混凝土结构构件 HPB300 级主筋	$\geqslant 1.75d$

（3）标注钢筋外皮尺寸的差值　下面根据外皮差值公式求证 30°、45°、60°、90°、135°、180°弯曲钢筋外皮差值的系数。

① 根据图 1-19 原理求证，当 $R = 2.5d$ 时，30°弯曲钢筋的外皮差值系数：

$$30°外皮差值 = 2 \times (R+d) \times \tan\frac{\alpha}{2} - \left(R+\frac{d}{2}\right) \times \pi \times \frac{\alpha}{180°}$$

$$= 2 \times (2.5d+d) \times \tan\frac{30°}{2} - \left(2.5d+\frac{d}{2}\right) \times \pi \times \frac{30°}{180°}$$

$$= 2 \times 3.5d \times 0.2679 - 3d \times 3.1416 \times \frac{1}{6}$$

$$= 1.8753d - 1.5708d \approx 0.303d$$

② 根据图 1-19 原理求证，当 $R = 2.5d$ 时，45°弯曲钢筋的外皮差值系数：

$$45°外皮差值 = 2 \times (R+d) \times \tan\frac{\alpha}{2} - \left(R+\frac{d}{2}\right) \times \pi \times \frac{\alpha}{180°}$$

$$= 2 \times (2.5d+d) \times \tan\frac{45°}{2} - \left(2.5d+\frac{d}{2}\right) \times \pi \times \frac{45°}{180°}$$

$$= 2 \times 3.5d \times 0.4142 - 3d \times 3.1416 \times \frac{1}{4}$$

$$= 2.8994d - 2.3562d \approx 0.543d$$

③ 根据图 1-19 原理求证，当 $R=2.5d$ 时，60°弯曲钢筋的外皮差值系数：

$$60°外皮差值 = 2 \times (R+d) \times \tan\frac{\alpha}{2} - \left(R+\frac{d}{2}\right) \times \pi \times \frac{\alpha}{180°}$$

$$= 2 \times (2.5d+d) \times \tan\frac{60°}{2} - \left(2.5d+\frac{d}{2}\right) \times \pi \times \frac{60°}{180°}$$

$$= 2 \times 3.5d \times 0.5774 - 3d \times 3.1416 \times \frac{1}{3}$$

$$= 4.0418d - 3.1416d \approx 0.9d$$

④ 根据图 1-19 原理求证，当 $R=2.5d$ 时，90°弯曲钢筋的外皮差值系数：

$$90°外皮差值 = 2 \times (R+d) \times \tan\frac{\alpha}{2} - \left(R+\frac{d}{2}\right) \times \pi \times \frac{\alpha}{180°}$$

$$= 2 \times (2.5d+d) \times \tan\frac{90°}{2} - \left(2.5d+\frac{d}{2}\right) \times \pi \times \frac{90°}{180°}$$

$$= 2 \times 3.5d \times 1 - 3d \times 3.1416 \times \frac{1}{2}$$

$$= 7d - 4.7124d \approx 2.288d$$

⑤ 根据图 1-19 原理求证，当 $R=2.5d$ 时，135°弯曲钢筋的外皮差值系数，在此可以把 135°看作是 90°+45°。

上面已经求出 90°弯曲钢筋的外皮差值系数为 2.288d，45°弯曲钢筋的外皮差值系数为 0.543d，所以 135°弯曲钢筋的外皮差值系数为 2.288d+0.543d=2.831d。

⑥ 根据图 1-19 原理求证，当 $R=2.5d$ 时，180°弯曲钢筋的外皮差值系数，在此可以把 180°看作是 90°+90°。

上面已经求出 90°弯曲钢筋的外皮差值系数为 2.288d，所以 180°弯曲钢筋的外皮差值系数为 2×2.288d=4.576d。

在此，不再一一求证计算。为便于查找，标注钢筋外皮尺寸的差值见表 1-5。

表 1-5　钢筋外皮尺寸的差值

弯曲角度	HPB300 级主筋	轻骨料中 HPB300 级主筋	HRB335 级主筋	HRB400 级主筋	箍筋	平法框架主筋		
	$R=1.25d$	$R=1.75d$	$R=2d$	$R=2.5d$	$R=2.5d$	$R=4d$	$R=6d$	$R=8d$
30°	0.29d	0.296d	0.299d	0.305d	0.305d	0.323d	0.348d	0.373d
45°	0.49d	0.511d	0.522d	0.543d	0.543d	0.608d	0.694d	0.78d
60°	0.765d	0.819d	0.846d	0.9d	0.9d	1.061d	1.276d	1.491d
90°	1.751d	1.966d	2.073d	2.288d	2.288d	2.931d	3.79d	4.648d
135°	2.24d	2.477d	2.595d	2.831d	2.831d	3.539d	4.484d	5.428d
180°	3.502d	3.932d	4.146d	4.576d	4.576d			

注：1. 135°和 180°的差值必须具备准确的外皮尺寸值。
2. 平法框架主筋 $d \leqslant 25mm$ 时，$R=4d$（6d）；$d > 25mm$ 时，$R=6d$（8d）。括号内为顶层边节点要求值。

135°钢筋的弯曲差值，要绘出其外皮线，如图 1-20 所示。外皮线的总长度为 $wx+xy+yz$，下料长度为 $wx+xy+yz-135°$ 的差值。按如图 1-20 原理推导算式有

$$90°弯钩的展开弧线长度 = 2\times(R+d)+2\times(R+d)\times\tan\frac{\alpha}{2}$$

则
$$下料长度 = 2\times(R+d)+2\times(R+d)\times\tan\frac{\alpha}{2}-135°的差值 \tag{1-5}$$

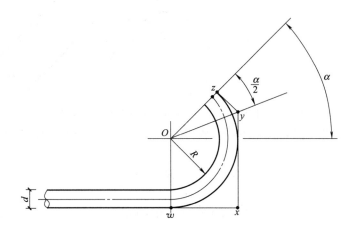

图 1-20　135°钢筋的弯曲差值计算示意

d—钢筋的直径；R—钢筋弯曲的加工半径；α—钢筋弯折的角度；wx、xy、yz—线段长度；O—圆心

按相关规定要求，钢筋的加工弯曲直径取 $D=5d$ 时，求得各弯折角度的量度近似差值，见表 1-6。

表 1-6　钢筋弯折角度的量度近似差值

弯折角度	30°	45°	60°	90°	135°
量度差值	0.3d	0.5d	1.0d	2.0d	3.0d

【例 1-1】　图 1-21 为钢筋表中的简图，并且已知钢筋是非框架结构构件 HPB300 级主筋，直径 $d=20$mm。求钢筋加工弯曲前，所需备料切下的实际长度。

【解】　（1）查表 1-4，得知钢筋加工弯曲半径 $R=1.25$ 倍钢筋直径，$d=20$mm；

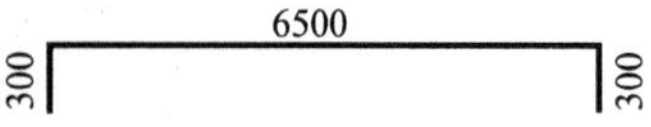

图 1-21　钢筋表中的简图

（2）由图 1-21 知，$\alpha=90°$；

（3）计算与 $\alpha=90°$ 相对应的弧度值 $a=\pi\times90°/180°=1.57$；

（4）将 $R=1.25d$、$d=20$mm、角度 $\alpha=90°$ 和弧度 $a=1.57$ 代入公式（1-2）中得

$$90°弯钩的差值 = 2\times(1.25\times20+20)\times\tan(90°/2)-(1.25\times20+20/2)\times1.57$$
$$=90\times1-54.95$$
$$=35.05（mm）$$
$$下料长度 = 6500+300+300-2\times35.05=7029.9（mm）$$

1.2.3.3　内皮差值计算公式

（1）小于或等于 90°钢筋弯曲内皮差值计算公式　小于或等于 90°钢筋弯曲内皮差值计算示意图如图 1-22 所示。

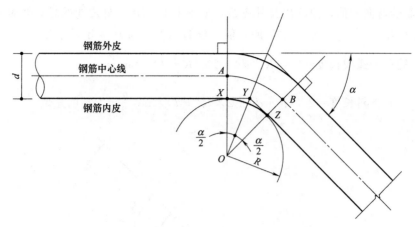

图 1-22　小于或等于 90°钢筋弯曲内皮差值计算示意

d—钢筋的直径；R—钢筋弯曲的加工半径；α—钢筋弯折的角度；O—圆心；XY、YZ—线段长；AB—弧线长

折线的长度　　　　　　　　　$\overline{XY}=\overline{YZ}=R\times\tan\dfrac{\alpha}{2}$

两折线之和即展开长度　　　　$\overline{XY}+\overline{YZ}=2\times R\times\tan\dfrac{\alpha}{2}$

弧线展开长度　　　　　　　　$\widehat{AB}=\left(R+\dfrac{d}{2}\right)\times\pi\times\dfrac{\alpha}{180°}$

以角度 α 和 R 为变量计算内皮差值公式：

$$\overline{XY}+\overline{YZ}-\widehat{AB}=2\times R\times\tan\dfrac{\alpha}{2}-\left(R+\dfrac{d}{2}\right)\times\pi\times\dfrac{\alpha}{180°}\tag{1-6}$$

（2）标注钢筋内皮尺寸的差值　下面根据内皮差值公式求证 30°、45°、60°、90°、135°、180°弯曲钢筋内皮差值的系数。

① 根据图 1-22 原理求证，当 $R=2.5d$ 时，30°弯曲钢筋的内皮差值系数：

$$30°内皮差值=2R\times\tan\dfrac{\alpha}{2}-\left(R+\dfrac{d}{2}\right)\times\pi\times\dfrac{\alpha}{180°}$$

$$=2\times2.5d\times\tan\dfrac{30°}{2}-\left(2.5d+\dfrac{d}{2}\right)\times\pi\times\dfrac{30°}{180°}$$

$$=2\times2.5d\times0.2679-3d\times3.1416\times\dfrac{1}{6}$$

$$=1.3395d-1.5708d\approx-0.231d$$

② 根据图 1-22 原理求证，当 $R=2.5d$ 时，45°弯曲钢筋的内皮差值系数：

$$45°内皮差值=2R\times\tan\dfrac{\alpha}{2}-\left(R+\dfrac{d}{2}\right)\times\pi\times\dfrac{\alpha}{180°}$$

$$=2\times2.5d\times\tan\dfrac{45°}{2}-\left(2.5d+\dfrac{d}{2}\right)\times\pi\times\dfrac{45°}{180°}$$

$$=2\times2.5d\times0.4142-3d\times3.1416\times\dfrac{1}{4}$$

$$=2.071d-2.3562d\approx-0.285d$$

③ 根据图 1-22 原理求证，当 $R=2.5d$ 时，60°弯曲钢筋的内皮差值系数：

$$60°内皮差值 = 2R \times \tan\frac{\alpha}{2} - \left(R + \frac{d}{2}\right) \times \pi \times \frac{\alpha}{180°}$$

$$= 2 \times 2.5d \times \tan\frac{60°}{2} - \left(2.5d + \frac{d}{2}\right) \times \pi \times \frac{60°}{180°}$$

$$= 2 \times 2.5d \times 0.5774 - 3d \times 3.1416 \times \frac{1}{3}$$

$$= 2.887d - 3.1416d \approx -0.255d$$

④ 根据图 1-22 原理求证，当 $R = 2.5d$ 时，90°弯曲钢筋的内皮差值系数：

$$90°内皮差值 = 2R \times \tan\frac{\alpha}{2} - \left(R + \frac{d}{2}\right) \times \pi \times \frac{\alpha}{180°}$$

$$= 2 \times 2.5d \times \tan\frac{90°}{2} - \left(2.5d + \frac{d}{2}\right) \times \pi \times \frac{90°}{180°}$$

$$= 2 \times 2.5d \times 1 - 3d \times 3.1416 \times \frac{1}{2}$$

$$= 5d - 4.7124d \approx 0.288d$$

⑤ 根据图 1-22 原理求证，当 $R = 2.5d$ 时，135°弯曲钢筋的内皮差值系数，在此可以把135°看作是 90°+45°。

上面已经求出 90°弯曲钢筋的内皮差值系数为 0.288d，45°弯曲钢筋的内皮差值系数为 -0.285d，所以 135°弯曲钢筋的内皮差值系数为 0.288d-0.285d=0.003d。

⑥ 根据图 1-22 原理求证，当 $R = 2.5d$ 时，180°弯曲钢筋的内皮差值系数，在此可以把180°看作是 90°+90°。

上面已经求出 90°弯曲钢筋的内皮差值系数为 0.288d，所以 180°弯曲钢筋的内皮差值系数为 2×0.288d=0.576d。

在此，不再一一求证计算。为便于查找，标注钢筋内皮尺寸的差值见表 1-7。

表 1-7 钢筋内皮尺寸的差值

弯折角度	箍筋差值	弯折角度	箍筋差值
	$R = 2.5d$		$R = 2.5d$
30°	-0.231d	90°	+0.288d
45°	-0.285d	135°	+0.003d
60°	-0.255d	180°	+0.576d

1.2.3.4 钢筋端部弯钩增加尺寸

(1) 135°钢筋端部弯钩尺寸标注方法 钢筋端部弯钩是指大于 90°的弯钩。如图 1-23 (a) 所示，AB 弧线展开长度为 AB'，BC 为钩端的直线部分。从 A 点弯起，向上直到直线上端 C 点。展开后，即为线段 AC'。L' 是钢筋的水平部分，md 是钩端的直线部分长度，$R + d$ 是钢筋弯曲部分外皮的水平投影长度。如图 1-23 (b) 所示是施工图上简图尺寸注法。钢筋两端弯曲加工后，外皮间尺寸为 L_1。两端以外剩余的长度 $[AB + BC - (R+d)]$ 即为 L_2。

钢筋弯曲加工后外皮的水平投影长度

$$L_1 = L' + 2(R+d) \tag{1-7}$$

$$L_2 = AB + BC - (R+d) \tag{1-8}$$

(2) 180°钢筋端部弯钩尺寸标注方法 如图 1-24 (a) 所示，AB 弧线展开长度为 AB'。

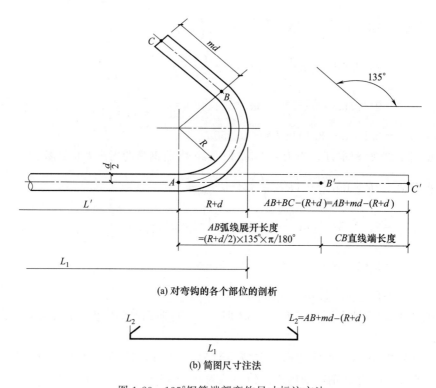

(a) 对弯钩的各个部位的剖析

(b) 简图尺寸注法

图 1-23 135°钢筋端部弯钩尺寸标注方法

L'—钢筋的水平部分；md—钩端的直线部分长度；$R+d$—钢筋弯曲部分外皮的水平投影长度；

d—钢筋的直径；R—钢筋弯曲的加工半径；L_1—外皮间尺寸；L_2—两端以外剩余的长度；

AB—弧线长；BC—线段长；B'、C'—展开后 B、C 的两个点

BC 为钩端的直线部分。从 A 点弯起，向上直到直线上端 C 点。展开后，即为 AC' 线段。L' 是钢筋的水平部分，$R+d$ 是钢筋弯曲部分外皮的水平投影长度。如图 1-24（b）所示是

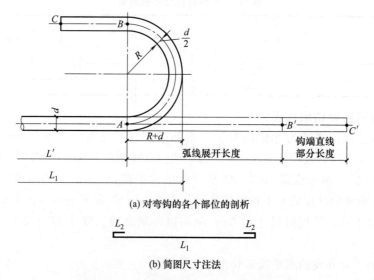

(a) 对弯钩的各个部位的剖析

(b) 简图尺寸注法

图 1-24 180°钢筋端部弯钩尺寸标注方法

L'—钢筋的水平部分；d—钢筋直径；R—钢筋弯曲半径；L_1—外皮间尺寸；L_2—两端以外剩余的长度；

AB—弧线长；BC—线段长；B'、C'—展开后 B、C 的两个点

施工图上简图尺寸注法。钢筋两端弯曲加工后，外皮间尺寸为 L_1。两端以外剩余的长度 $[AB+BC-(R+d)]$ 即为 L_2。

钢筋弯曲加工后外皮的水平投影长度

$$L_1=L'+2(R+d) \tag{1-9}$$

$$L_2=AB+BC-(R+d) \tag{1-10}$$

（3）常用弯钩端部长度表　表 1-8 把钢筋端部弯钩处的 30°、45°、60°、90°、135° 和 180° 等几种情况的长度，列成计算表格便于查阅。

表 1-8　常用弯钩端部长度表

弯起角度	钢筋弧中心线长度	钩端直线部分长度	合计长度
30°	$\left(R+\dfrac{d}{2}\right)\times30°\times\dfrac{\pi}{180°}$	10d	$\left(R+\dfrac{d}{2}\right)\times30°\times\dfrac{\pi}{180°}+10d$
		5d	$\left(R+\dfrac{d}{2}\right)\times30°\times\dfrac{\pi}{180°}+5d$
		75mm	$\left(R+\dfrac{d}{2}\right)\times30°\times\dfrac{\pi}{180°}+75mm$
45°	$\left(R+\dfrac{d}{2}\right)\times45°\times\dfrac{\pi}{180°}$	10d	$\left(R+\dfrac{d}{2}\right)\times45°\times\dfrac{\pi}{180°}+10d$
		5d	$\left(R+\dfrac{d}{2}\right)\times45°\times\dfrac{\pi}{180°}+5d$
		75mm	$\left(R+\dfrac{d}{2}\right)\times45°\times\dfrac{\pi}{180°}+75mm$
60°	$\left(R+\dfrac{d}{2}\right)\times60°\times\dfrac{\pi}{180°}$	10d	$\left(R+\dfrac{d}{2}\right)\times60°\times\dfrac{\pi}{180°}+10d$
		5d	$\left(R+\dfrac{d}{2}\right)\times60°\times\dfrac{\pi}{180°}+5d$
		75mm	$\left(R+\dfrac{d}{2}\right)\times60°\times\dfrac{\pi}{180°}+75mm$
90°	$\left(R+\dfrac{d}{2}\right)\times90°\times\dfrac{\pi}{180°}$	10d	$\left(R+\dfrac{d}{2}\right)\times90°\times\dfrac{\pi}{180°}+10d$
		5d	$\left(R+\dfrac{d}{2}\right)\times90°\times\dfrac{\pi}{180°}+5d$
		75mm	$\left(R+\dfrac{d}{2}\right)\times90°\times\dfrac{\pi}{180°}+75mm$
135°	$\left(R+\dfrac{d}{2}\right)\times135°\times\dfrac{\pi}{180°}$	10d	$\left(R+\dfrac{d}{2}\right)\times135°\times\dfrac{\pi}{180°}+10d$
		5d	$\left(R+\dfrac{d}{2}\right)\times135°\times\dfrac{\pi}{180°}+5d$
		75mm	$\left(R+\dfrac{d}{2}\right)\times135°\times\dfrac{\pi}{180°}+75mm$
180°	$\left(R+\dfrac{d}{2}\right)\times\pi$	10d	$\left(R+\dfrac{d}{2}\right)\times\pi+10d$
		5d	$\left(R+\dfrac{d}{2}\right)\times\pi+5d$
		75mm	$\left(R+\dfrac{d}{2}\right)\times\pi+75mm$
		3d	$\left(R+\dfrac{d}{2}\right)\times\pi+3d$

注：R 为钢筋弯曲半径，d 为钢筋直径。

1.2.3.5 中心线法计算弧线展开长度

（1）180°弯钩弧长 图 1-25 所示为 180°弯钩展开图。

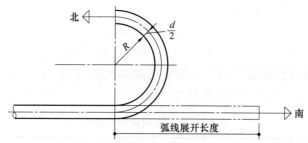

图 1-25 180°弯钩展开图

d—钢筋的直径；R—钢筋弯曲的加工半径

$$180°弯钩弧长 = \frac{180° \times \pi \times \left(R + \dfrac{d}{2}\right)}{180°} = \pi \times \left(R + \frac{d}{2}\right) \qquad (1\text{-}11)$$

（2）135°弯钩弧长 图 1-26 所示为 135°弯钩展开图。

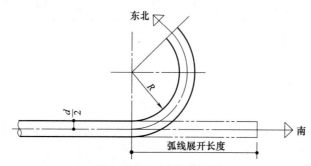

图 1-26 135°弯钩展开图

d—钢筋的直径；R—钢筋弯曲的加工半径

$$135°弯钩弧长 = \frac{135° \times \pi \times \left(R + \dfrac{d}{2}\right)}{180°} = \frac{3\pi}{4} \times \left(R + \frac{d}{2}\right) \qquad (1\text{-}12)$$

（3）90°弯钩弧长 图 1-27 所示为 90°弯钩展开图。

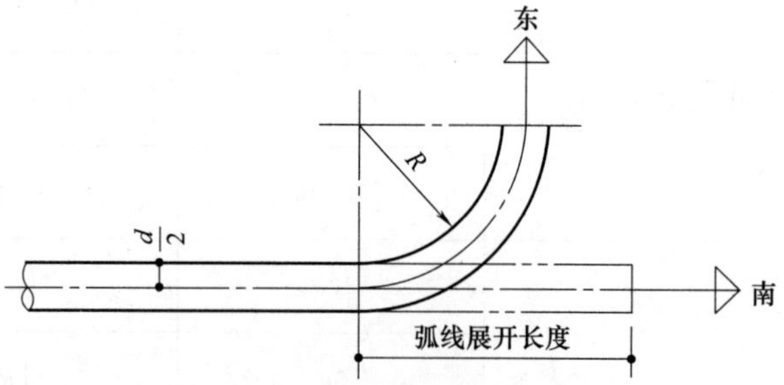

图 1-27 90°弯钩展开图

d—钢筋的直径；R—钢筋弯曲的加工半径

$$90°弯钩弧长 = \frac{90° \times \pi \times \left(R + \dfrac{d}{2}\right)}{180°} = \frac{\pi}{2} \times \left(R + \frac{d}{2}\right) \qquad (1\text{-}13)$$

（4）60°弯钩弧长　图 1-28 所示为 60°弯钩展开图。

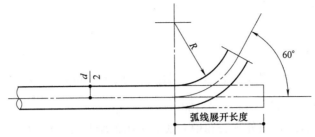

图 1-28　60°弯钩展开图

d—钢筋的直径；R—钢筋弯曲的加工半径

$$60°弯钩弧长 = \frac{60° \times \pi \times \left(R + \frac{d}{2}\right)}{180°} = \frac{\pi}{3} \times \left(R + \frac{d}{2}\right) \tag{1-14}$$

（5）45°弯钩弧长　图 1-29 所示为 45°弯钩展开图。

$$45°弯钩弧长 = \frac{45° \times \pi \times \left(R + \frac{d}{2}\right)}{180°} = \frac{\pi}{4} \times \left(R + \frac{d}{2}\right) \tag{1-15}$$

（6）30°弯钩弧长　图 1-30 所示为 30°弯钩展开图。

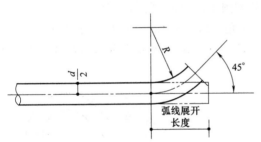

图 1-29　45°弯钩展开图

d—钢筋的直径；R—钢筋弯曲的加工半径

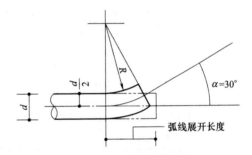

图 1-30　30°弯钩展开图

d—钢筋的直径；R—钢筋弯曲的加工半径；

α—钢筋弯折的角度

$$30°弯钩弧长 = \frac{30° \times \pi \times \left(R + \frac{d}{2}\right)}{180°} = \frac{\pi}{6} \times \left(R + \frac{d}{2}\right) \tag{1-16}$$

（7）圆环弧长　图 1-31 所示为圆环展开图。

$$圆环弧长 = 2\pi d \tag{1-17}$$

【例 1-2】　试分别用外皮法和中心线法计算 HRB400 级钢筋的弯钩长度。已知钢筋直径 $d = 20\text{mm}$，$R = 2.5d$，弯曲角度为 180°。

【解】　（1）用外皮法计算：

从图 1-19 中可以得出：

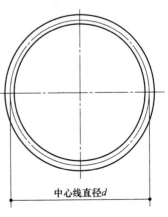

图 1-31　圆环展开图

d—中心线直径

外皮法 180°弯钩弧长 $=4\times(R+d)-180°$外皮差值$=4\times(2.5d+d)-4.576d=9.424d$

所以，弯钩长度$=9.424\times0.02=0.188$（m）

（2）用中心线法计算：

查表 1-8 可知：

$$180°钢筋弧中心线长度=\left(R+\frac{d}{2}\right)\times\pi=3d\times\pi=9.42d$$

所以，弯钩长度$=9.42\times0.02=0.188$（m）

从例 1-2 中可以看出，用外皮法和中心线法算出的结果是一样的。

1.2.3.6 箍筋的计算公式

（1）箍筋概念　箍筋的常用形式有 3 种，目前施工图中应用最多的是图 1-32（c）所示的形式。

图 1-32（a）、（b）所示的箍筋形式多用于非抗震结构，图 1-32（c）所示的箍筋形式多用于平法框架抗震结构或非抗震结构中。可根据箍筋的内皮尺寸计算钢筋下料尺寸。

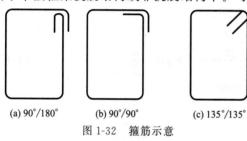

（a）90°/180°　（b）90°/90°　（c）135°/135°

图 1-32　箍筋示意

（2）根据箍筋内皮尺寸计算箍筋的下料尺寸

① 箍筋下料公式。图 1-33（a）是绑扎在梁柱中的箍筋（已经弯曲加工完的）。为了便于计算，假想它是由两个部分组成：一部分如图 1-33（b）所示，为 1 个闭合的矩形，4 个角是以 $R=2.5d$ 为半径的弯曲圆弧；另一部分如图 1-33（c）所示，有 1 个半圆，它是由 1 个半圆和 2 条相等的直线组成。图 1-33（d）是图 1-33（c）的放大示意图。

（a）绑扎在梁柱中的箍筋　（b）1个圆角矩形　（c）1个半圆　（d）图(c)的放大示意图

图 1-33　箍筋下料示意图

bhc—保护层厚度；R—弯曲半径；d—钢筋直径；H—梁柱截面高度；B—梁柱截面宽度；R_1—半圆半径

下面根据图 1-33（b）和图 1-33（c）分别计算下料长度，两者之和即为箍筋的下料长度，计算过程如下。

图 1-33（b）部分下料长度：

$$长度=内皮尺寸-4\times差值$$
$$=2(H-2bhc)+2(B-2bhc)-4\times0.288d$$

$$=2H+2B-8bhc-1.152d \tag{1-18}$$

图 1-33（c）部分下料长度：

半圆中心线长：$3d\pi\approx9.425d$

端钩的弧线和直线段长度：

$10d>75$mm 时，$9.425d+2\times10d=29.425d$

$10d<75$mm 时，$9.425d+2\times75=9.425d+150$

合计箍筋下料长度：

$10d>75$mm 时

$$箍筋下料长度=2H+2B-8bhc+28.273d \tag{1-19}$$

$10d<75$mm 时

$$箍筋下料长度=2H+2B-8bhc+8.273d+150 \tag{1-20}$$

式中　bhc——保护层厚度，mm。

图 1-33（b）所示是带有圆角的矩形，四边的内部尺寸，减去内皮法的钢筋弯曲加工的 90°差值即为这个矩形的长度。

图 1-33（c）所示是由半圆和两段直筋组成。半圆圆弧的展开长度是由它的中心线的展开长度来决定的。中心线的圆弧半径为 $R+d/2$，半圆圆弧的展开长度为 $(R+d/2)$ 与 π 的乘积。箍筋的下料长度，要注意钩端的直线长度的规定，取 $10d$、75mm 中的大值。

对上面两个公式进行进一步分析推导发现，因箍筋直径大小不同，当直径小于或等于 6.5mm 时，采用式（1-20），直径大于或等于 8mm 时，采用式（1-19）。

② 箍筋的四个框内皮尺寸的算法。图 1-34 是放大了的部分箍筋图，再结合图 1-35 得知，箍筋的四个框内皮尺寸的算法如下。

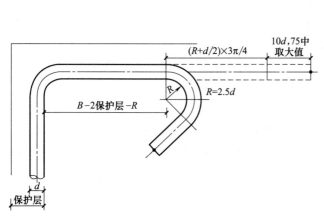

图 1-34　放大了的部分箍筋图

d—钢筋直径；R—钢筋弯曲半径；B—梁柱截面宽度

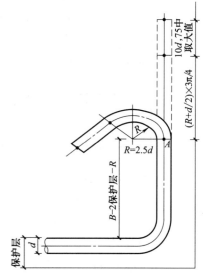

图 1-35　箍筋框内皮尺寸

d—钢筋直径；R—钢筋弯曲半径；

B—梁柱截面宽度

由图 1-34 和图 1-35 得知，可以把箍筋的四个框内皮尺寸的算法，归纳如下：

箍筋左框

$$L_1 = H - 2bhc \tag{1-21}$$

箍筋底框

$$L_2 = B - 2bhc \tag{1-22}$$

箍筋右框

$$L_3 = H - 2bhc - R + \left(R + \frac{d}{2}\right) \times \frac{3}{4}\pi + 10d,用于 10d > 75\text{mm} \tag{1-23}$$

箍筋右框

$$L_3 = H - 2bhc - R + \left(R + \frac{d}{2}\right) \times \frac{3}{4}\pi + 75,用于 10d < 75\text{mm} \tag{1-24}$$

箍筋上框

$$L_4 = B - 2bhc - R + \left(R + \frac{d}{2}\right) \times \frac{3}{4}\pi + 10d,用于 10d > 75\text{mm} \tag{1-25}$$

箍筋上框

$$L_4 = B - 2bhc - R + \left(R + \frac{d}{2}\right) \times \frac{3}{4}\pi + 75,用于 10d < 75\text{mm} \tag{1-26}$$

式中　bhc——保护层厚度，mm；

　　　R——弯曲半径，mm；

　　　d——钢筋直径，mm；

　　　H——梁柱截面高度，mm；

　　　B——梁柱截面宽度，mm。

通过验算可以得到，箍筋下料式（1-19）、式（1-20）和式（1-21）～式（1-26）是一致的。即把式（1-21）～式（1-23）和式（1-25）加起来再减去三个角的内皮差值，就等于式（1-19）；式（1-21）、式（1-22）、式（1-24）和式（1-26）加起来再减去三个角的内皮差值，就等于式（1-20）。

（3）根据箍筋外皮尺寸计算箍筋的下料尺寸

① 箍筋下料公式。施工图上个别情况，也可能遇到箍筋标注外皮尺寸，如图1-36所示。

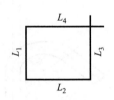

这时，要用到外皮差值来进行计算，参看图1-37。

图1-37（b）部分下料长度：

长度＝外皮尺寸－4×差值

$$= 2(H - 2bhc + 2d) + 2(B - 2bhc + 2d) - 4 \times 2.288d$$

$$= 2H + 2B - 8bhc - 1.152d \tag{1-27}$$

图1-36　箍筋标注的外皮尺寸

L_1、L_2、L_3、L_4—箍筋四框外皮尺寸

图1-37（d）部分下料长度：

半圆中心线长：$3d\pi \approx 9.425d$

端钩的弧线和直线段长度：

$10d > 75\text{mm}$ 时，$9.425d + 2 \times 10d = 29.425d$

$10d < 75\text{mm}$ 时，$9.425d + 2 \times 75 = 9.425d + 150$

合计箍筋下料长度：

$10d > 75\text{mm}$ 时

$$箍筋下料长度 = 2H + 2B - 8bhc + 28.273d \tag{1-28}$$

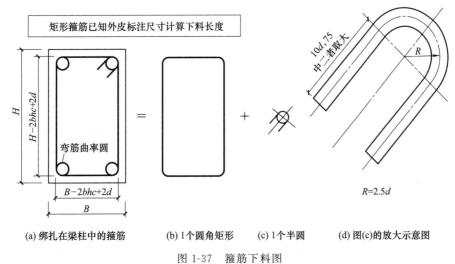

图 1-37　箍筋下料图

bhc—保护层厚度；R—弯曲半径；d—钢筋直径；H—梁柱截面高度；B—梁柱截面宽度

$10d < 75\text{mm}$ 时

$$箍筋下料长度 = 2H + 2B - 8bhc + 8.273d + 150 \qquad (1\text{-}29)$$

式中　bhc——保护层厚度，mm。

　　图 1-37（b）所示是带有圆角的矩形，四边的外部尺寸，减去外皮法的钢筋弯曲加工的 90°差值即为这个矩形的长度。

　　图 1-37（c）所示是由半圆和两段直筋组成。半圆圆弧的展开长度是由它的中心线的展开长度来决定的。中心线的圆弧半径为 $R + d/2$，半圆圆弧的展开长度为（$R + d/2$）与 π 的乘积。箍筋的下料长度，要注意钩端的直线长度的规定，取 $10d$、75mm 中的大值。

　　② 箍筋的四个框外皮尺寸的算法。图 1-38 是放大了的部分箍筋图，再结合图 1-39 得知，箍筋的四个框外皮尺寸的算法如下。

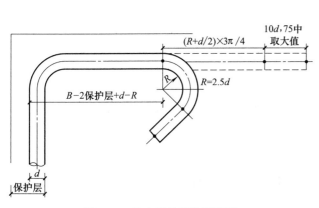

图 1-38　放大了的部分箍筋图

d—钢筋直径；R—钢筋弯曲半径；B—梁柱截面宽度

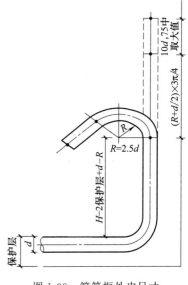

图 1-39　箍筋框外皮尺寸

d—钢筋直径；R—钢筋弯曲半径；
H—梁柱截面高度

箍筋左框

$$L_1 = H - 2bhc + 2d \qquad (1\text{-}30)$$

箍筋底框

$$L_2 = B - 2bhc + 2d \qquad (1\text{-}31)$$

箍筋右框

$$L_3 = H - 2bhc + d - R + \left(R + \frac{d}{2}\right) \times \frac{3}{4}\pi + 10d \,,\text{用于 } 10d > 75\text{mm} \qquad (1\text{-}32)$$

箍筋右框

$$L_3 = H - 2bhc + d - R + \left(R + \frac{d}{2}\right) \times \frac{3}{4}\pi + 75 \,,\text{用于 } 10d < 75\text{mm} \qquad (1\text{-}33)$$

箍筋左框

$$L_4 = B - 2bhc + d - R + \left(R + \frac{d}{2}\right) \times \frac{3}{4}\pi + 10d \,,\text{用于 } 10d > 75\text{mm} \qquad (1\text{-}34)$$

箍筋左框

$$L_4 = B - 2bhc + d - R + \left(R + \frac{d}{2}\right) \times \frac{3}{4}\pi + 75 \,,\text{用于 } 10d < 75\text{mm} \qquad (1\text{-}35)$$

式中　bhc ——保护层厚度，mm；

　　　R ——弯曲半径，mm；

　　　d ——钢筋直径，mm；

　　　H ——梁柱截面高度，mm；

　　　B ——梁柱截面宽度，mm。

通过验算可以得到，箍筋下料式（1-28）、式（1-29）和式（1-30）～式（1-35）是一致的。即把式（1-30）～式（1-32）和式（1-34）加起来再减去三个角的内皮差值，就等于式（1-28）；式（1-30）～式（1-33）和式（1-35）加起来再减去三个角的内皮差值，就等于式（1-29）。

（4）根据箍筋中心线尺寸计算钢筋下料尺寸　下面要介绍的方法就是对箍筋的所有线段，都用计算中心线的方法，计算箍筋的下料尺寸，如图 1-40 所示。

在图 1-40 中，图（e）是图（b）的放大。矩形箍筋按照它的中心线计算下料长度时，先把图（a）分割成图（b）、图（c）、图（d）三个部分，分别计算中心线长度，再把它们加起来，就是钢筋下料尺寸。

图 1-40（b）部分计算：

$$4\left(R + \frac{d}{2}\right) \times \frac{\pi}{2} = 6\pi d$$

图 1-40（c）部分计算：

$$2(H - 2bhc - 2R) + 2(B - 2bhc - 2R) = 2H + 2B - 8bhc - 20d$$

图 1-40（d）部分计算：

$10d > 75\text{mm}$ 时

$$\left(R + \frac{d}{2}\right)\pi + 2 \times 10d = 3\pi d + 20d$$

$10d < 75\text{mm}$ 时

$$\left(R + \frac{d}{2}\right)\pi + 2 \times 75 = 3\pi d + 150$$

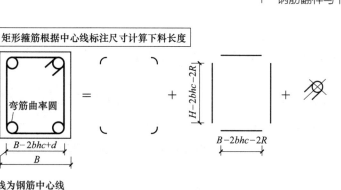

图 1-40　箍筋的线段

bhc—保护层厚度；R—弯曲半径；d—钢筋直径；H—梁柱截面高度；B—梁柱截面宽度

箍筋的下料长度：

$10d > 75$mm 时

$$6\pi d + 2H + 2B - 8bhc - 20d + 3\pi d + 20d = 2H + 2B - 8bhc + 28.274d \qquad (1\text{-}36)$$

$10d < 75$mm 时

$$6\pi d + 2H + 2B - 8bhc - 20d + 3\pi d + 150 = 2H + 2B - 8bhc + 8.274d + 150 \qquad (1\text{-}37)$$

（5）计算柱面螺旋线形箍筋的下料尺寸

① 柱面螺旋形箍筋。图 1-41 为柱面螺旋线形箍筋图。

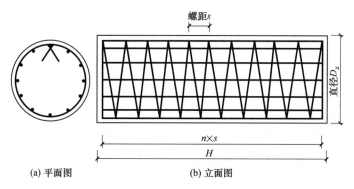

图 1-41　柱面螺旋线形箍筋图

D_z—混凝土柱外表面直径尺寸；s—相邻螺旋箍筋之间的间距；H—柱的高度；n—螺距的数量

　　螺旋箍筋的始端与末端，应各有不少于一圈半的端部筋。这里计算时，暂采用一圈半长度，两端均加工有 135°弯钩，且在钩端各留有直线段。柱面螺旋线展开以后是直线（斜向）；螺旋箍筋的始端与末端，展开以后是上下两条水平线。在计算柱面螺旋线形箍筋时，先分成三个部分来计算：柱顶部［图 1-41（a）］的一圈半箍筋展开长度，即为图 1-42 中上部水平段；螺旋线形箍筋展开部分，即为图 1-42 中中部斜线段；最后是柱底部 [图 1-41 (b)] 的一圈半箍筋展开长度，即为图 1-42 中下部水平段。

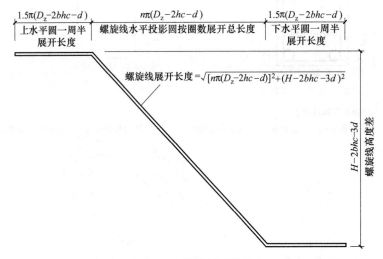

图 1-42 箍筋展开长度

D_z—混凝土柱外表面直径尺寸；H—柱的高度；bhc—保护层厚度；d—钢筋直径；hc—箍筋高度

② 螺旋箍筋计算。上水平圆一周半展开长度计算：

$$上水平圆一周半展开长度 = 1.5\pi(D_z - 2bhc - d)$$

螺旋筋展开长度：

$$螺旋筋展开长度 = \sqrt{[n\pi(D_z - 2bhc - d)]^2 + (H - 2bhc - 3d)^2} \tag{1-38}$$

下水平圆一周半展开长度计算：

$$下水平圆一周半展开长度 = 1.5\pi(D_z - 2bhc - d) \tag{1-39}$$

螺旋箍筋展开长度公式：

$$螺旋筋展开长度 = 2 \times 1.5\pi(D_z - 2bhc - d) +$$

$$\sqrt{[n\pi(D_z - 2bhc - d)]^2 + (H - 2bhc - 3d)^2} - 2 \times 外皮差值 + 2 \times 钩长 \tag{1-40}$$

③ 螺旋箍筋的搭接计算。

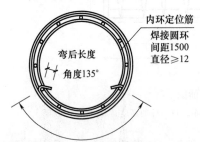

弯后长度：$10d$，75中较大值

内环定位筋

焊接圆环
间距1500
直径≥12

弯后长度

角度135°

搭接长度≥l_a或l_{aE}，且≥300勾住纵筋

图 1-43 螺旋箍筋搭接构造

l_a—受拉钢筋锚固长度；
l_{aE}—受拉钢筋抗震锚固长度；d—箍筋直径

a. 螺旋箍筋的搭接部分，搭接长度要求 $\geq l_{aE}$ 且 $\geq 300mm$。

b. 搭接的弯钩钩端直线段长度要求为 10 倍钢箍筋直径和 75mm 中取较大者。

此外，两个搭接的弯钩必须勾在纵筋上。螺旋箍筋搭接构造如图 1-43 所示。

④ 搭接长度计算公式。参看图 1-44 和图 1-45，计算出每根箍筋搭接长度为：

$$搭接长度 = \left(\frac{D_z}{2} - bhc + \frac{d}{2}\right) \times \frac{\alpha}{2} \times \frac{\pi}{180°} +$$

$$\left(R + \frac{d}{2}\right) \times 135° \times \frac{\pi}{180°} + 10d \tag{1-41}$$

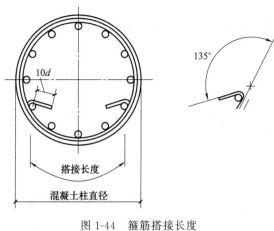

图 1-44　箍筋搭接长度
d—箍筋直径

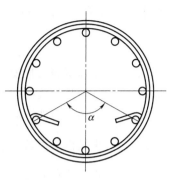

图 1-45　箍筋搭接图
α—箍筋搭接角度

式 (1-41) 的 $\left(\dfrac{D_z}{2}-bhc+\dfrac{d}{2}\right)\times\dfrac{\alpha}{2}\times\dfrac{\pi}{180°}$，是指两筋搭接的中点到钩的切点处长度；$\left(R+\dfrac{d}{2}\right)\times135°\times\dfrac{\pi}{180°}$ 是 135°弧中心线和钩端直线部分长度。

（6）圆环形封闭箍筋　圆环形封闭箍筋，如图 1-46 所示。可以把图 1-46 (a) 看作是由两部分组成：一部分是圆箍；另一部分是两个带有直线端的 135°弯钩。这样一来，先求出圆箍的中心线实长，然后查表找带有直线端的 135°弯钩长度，不要忘记，钩是一双。

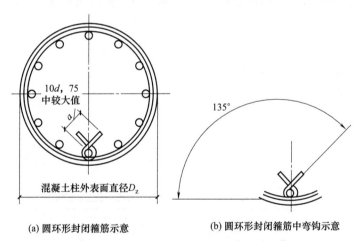

(a) 圆环形封闭箍筋示意　　　　　　　(b) 圆环形封闭箍筋中弯钩示意

图 1-46　圆环形封闭箍筋

D_z—混凝土柱外表面直径；a—钩末端直线段长度；d—箍筋直径

设保护层为 bhc；混凝土柱外表面直径为 D_z；箍筋直径为 d；箍筋端部两个弯钩为 135°，都勾在同一根纵筋上；钩末端直线段长度为 a；箍钩弯曲加工半径为 R。135°箍钩的下料长度可从表 1-8 中查到。

$$下料长度=(D_z-2bhc+d)\pi+2\times\left[\left(R+\dfrac{d}{2}\right)\times135°\times\dfrac{\pi}{180°}+a\right]\tag{1-42}$$

式中　a——从 $10d$ 和 75mm 两者中取最大值。

1.2.3.7 特殊钢筋的下料长度

（1）变截面构件钢筋下料长度　对于变截面构件，其中的纵横向钢筋长度或箍筋高度存在多种，可用等差关系进行计算。

$$\Delta = \frac{l_d - l_c}{n-1} \quad 或 \quad \Delta = \frac{h_d - h_c}{n-1} \tag{1-43}$$

式中　Δ——相邻钢筋的长度差或相邻钢筋的高度差；

l_d、l_c——分别是变截面构件纵横钢筋的最大和最小长度；

h_d、h_c——分别是构件箍筋的最高处和最低处；

n——纵横钢筋根数或箍筋个数，$n = \frac{s}{a} + 1$；

s——钢筋或箍筋的最大与最小之间的距离；

a——钢筋的相邻间距。

（2）圆形构件钢筋下料长度　对于圆形构件配筋可分为两种形式：一种是弦长，由圆心向两边对称分布；另一种按圆周形式布筋。

① 弦长。当圆形构件按弦长配筋时，先计算出钢筋所在位置的弦长，再减去两端保护层厚即可得钢筋长度。

a. 当钢筋根数为偶数时，如图 1-47（a）所示，钢筋配置时圆心处不通过，配筋有相同的两组，弦长可按下式计算：

$$l_i = a\sqrt{(n+1)^2 - (2i-1)^2} \tag{1-44}$$

b. 当钢筋根数为奇数时，如图 1-47（b）所示，有一根钢筋从圆心处通过，其余对称分布，弦长可按下式计算：

$$l_i = a\sqrt{(n+1)^2 - (2i)^2} \tag{1-45}$$

式中　l_i——第 i 根（从圆心起两边记数）钢筋所在弦长；

i——序号数；

n——钢筋数量，$n = \frac{D}{a} - 1$；

a——钢筋间距；

D——圆形构件直径。

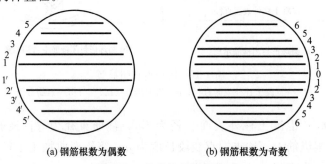

(a) 钢筋根数为偶数　　　　(b) 钢筋根数为奇数

图 1-47　按弦长布置钢筋

【例 1-3】　图 1-47 有一直径为 2.4m 的钢筋混凝土圆板，钢筋沿弦长布置，间距为单数，保护层厚度为 25mm，求每根钢筋的长度。

【解】　由图 1-47 可知，该构件配筋数 $n = 10$，1～5 号钢筋的长度分别为：

$$l_1 = a\sqrt{(n+1)^2 - (2i-1)^2} - 50 = \frac{2400}{10+1}\sqrt{(10+1)^2 - (2\times1-1)^2} - 50$$
$$= 2340(\text{mm}) = 2.34(\text{m})$$

$$l_2 = \frac{2400}{10+1}\sqrt{(10+1)^2 - (2\times2-1)^2} - 50 = 2259(\text{mm}) = 2.26(\text{m})$$

$$l_3 = \frac{2400}{10+1}\sqrt{(10+1)^2 - (2\times3-1)^2} - 50 = 2088(\text{mm}) = 2.09(\text{m})$$

$$l_4 = \frac{2400}{10+1}\sqrt{(10+1)^2 - (2\times4-1)^2} - 50 = 1801(\text{mm}) = 1.8(\text{m})$$

$$l_5 = \frac{2400}{10+1}\sqrt{(10+1)^2 - (2\times5-1)^2} - 50 = 1330(\text{mm}) = 1.33(\text{m})$$

② 按圆周形式布筋。如图 1-48 所示，先将每根钢筋所在圆的直径求出，然后乘以圆周率，即为圆形钢筋的下料长度。

（3）半球形钢筋下料长度　半球形构件的形状如图 1-49 所示。

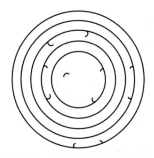

(a) 示意图(一)　　　　(b) 示意图(二)

图 1-48　按圆周形式布置钢筋

图 1-49　半球形构件示意

缩尺钢筋是按等距均匀分布的，成直线形。计算方法与圆形构件直线形配筋相同，先确定每根钢筋所在位置的弦和圆心的距离 C。弦长可按下式计算：

$$l_0 = \sqrt{D^2 - 4C^2} \quad \text{或} \quad l_0 = 2\sqrt{R^2 - C^2} \tag{1-46}$$

弦长减去两端保护层厚度，即为钢筋长：

$$l_i = 2\sqrt{R^2 - C^2} - 2d \tag{1-47}$$

式中　l_0——圆形切块的弦长；

　　　D——圆形切块的直径；

　　　C——弦心距，圆心至弦的垂线长；

　　　R——圆形切块的半径；

　　　l_i——钢筋长；

　　　d——钢筋直径。

（4）螺旋箍筋的下料长度计算　　可以把螺旋箍筋分别割成许多个单螺旋（图 1-50），单螺旋的高度称为螺距。

$$L = \sqrt{H^2 + (\pi Dn)^2} \tag{1-48}$$

式中　L——螺旋箍筋的长度；

　　　H——螺旋箍筋起始点的垂直高度；

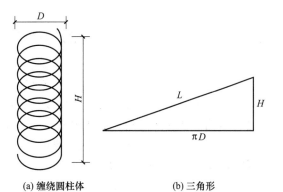

(a) 缠绕圆柱体　　　　(b) 三角形

图 1-50　螺旋箍筋

L—螺旋箍筋的长度；H—螺旋箍筋起始点的垂直高度；

D—螺旋直径

D——螺旋直径；

n——螺旋缠绕圈数，$n=H/p$（p 为螺距）。

（5）变截面（三角形）钢筋长度计算　根据三角形中位线原理（以图 1-51 为例）：

$$L_1=L_2+L_5=L_3+L_4=2L_0$$

所以：

$$L_1+L_2+L_3+L_4+L_5=2L_0\times3$$

即：

$$\sum_{i=1}^{5}L_i=6L_0=(5+1)L_0$$

$$\sum_{i=1}^{n}L_i=(n+1)L_0 \tag{1-49}$$

式中　n——钢筋总根数（不管与中位线是否重合）。

（6）变截面（梯形）钢筋长度计算　根据梯形中位线原理（以图 1-52 为例）：

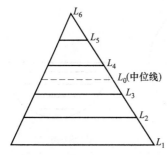

图 1-51　变截面（三角形）钢筋

L_1、L_2、L_3、L_4、L_5、L_6—变截面（三角形）钢筋长度；

L_0—变截面（三角形）中位线长度

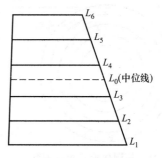

图 1-52　变截面（梯形）钢筋

L_1、L_2、L_3、L_4、L_5、L_6—变截面（梯形）钢筋长度；

L_0—变截面（梯形）中位线长度

$$L_1+L_6=L_2+L_5=L_3+L_4=2L_0$$

所以：

$$L_1+L_2+L_3+L_4+L_5+L_6=2L_0\times3$$

即：

$$\sum_{i=1}^{6}L_i=2L_0\times3=6L_0$$

$$\sum_{i=1}^{n}L_i=nL_0 \tag{1-50}$$

式中　n——钢筋总根数（不管与中位线是否重合）。

【例 1-4】　某现浇混凝土板如图 1-52 所示，上部长度为 3m，底部长度为 5m，混凝土保护层厚度为 30mm。计算其横向钢筋的长度。

【解】　$L_0=(3-0.03\times2+5-0.03\times2)/2+6.25\times0.01\times2=4.07$（m）

则　　　$\sum_{i=1}^{6}L_i=6\times L_0=6\times4.07=24.42$（m）

（7）钢筋质量计算　在钢筋的使用中，均是以千克（kg）、吨（t）为单位对钢筋的消耗进行衡量的。

质量的计算需要了解钢材的密度和物体的体积，现以 1m 长度的钢筋来进行计算。

每米不同直径钢筋的体积：

$$V = \frac{\pi d^2}{4} \times 1000 = 250\pi d^2$$

钢筋的密度 $\rho = 7850 \times 10^{-9}$（kg/mm³）

每米钢筋质量 $G = \rho V = 250\pi d^2 \times 7850 \times 10^{-9} = 0.00617 d^2$（kg）

1.2.3.8　拉筋的样式及其计算

（1）拉筋的作用与样式

① 作用：固定纵向钢筋，防止位移。

② 样式：拉筋的端钩有 90°、135°和 180°三种，如图 1-53 所示。

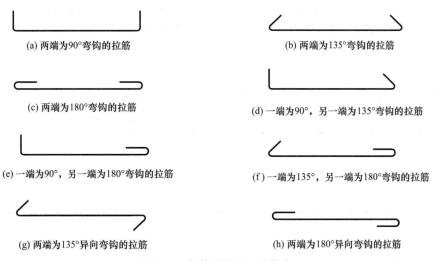

(a) 两端为90°弯钩的拉筋　　　　　(b) 两端为135°弯钩的拉筋

(c) 两端为180°弯钩的拉筋　　　　　(d) 一端为90°，另一端为135°弯钩的拉筋

(e) 一端为90°，另一端为180°弯钩的拉筋　　(f) 一端为135°，另一端为180°弯钩的拉筋

(g) 两端为135°异向弯钩的拉筋　　　(h) 两端为180°异向弯钩的拉筋

图 1-53　拉筋端钩的三种构造

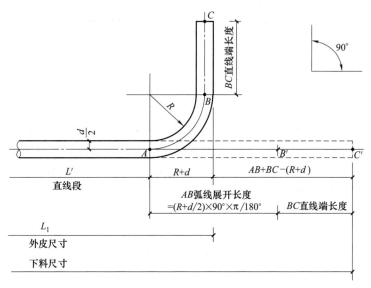

图 1-54　对拉筋的各个部位的剖析

L'—钢筋的水平部分；L_1—外皮尺寸；$R+d$—钢筋弯曲部分外皮的水平投影长度；d—钢筋的直径；

R—钢筋弯曲的加工半径；AB—弧线长；BC、$B'C'$—线段长

③ 拉筋两弯钩≤90°时，标注外皮尺寸，这时可用外皮尺寸的"和"减去"外皮差值"来计算下料长度，也可按计算弧线展开长度计算下料长度。

④ 拉筋两端弯钩＞90°时，除了标注外皮尺寸，还要在拉筋两端弯钩处（上方）标注下料长度剩余部分。

（2）两端为90°弯钩的拉筋计算　图 1-54 是两端为90°弯钩的拉筋尺寸分析图。其中 BC 直线是施工图给出的。图 1-54 对拉筋的各个部位计算，做了详细的剖析。它的计算方法不唯一，但对拉筋图来说，还是要按照图 1-55 的尺寸标注方法注写。

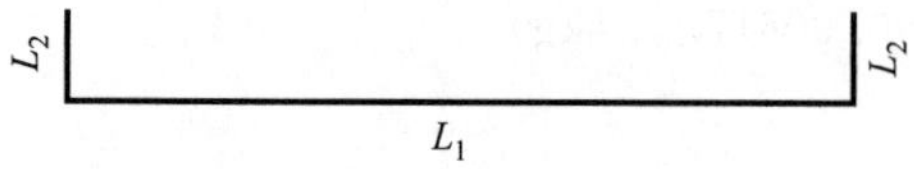

图 1-55　拉筋的尺寸标注

L_1—外皮尺寸；L_2—两端弯钩长度

表 1-9、表 1-10 是下料长度计算。

表 1-9　双 90°弯钩"外皮尺寸法"与"中心线法"下料长度计算对比

"外皮尺寸法"	"中心线法"
$L_1+2L_2-2\times2.288d=L_1+2L_2-4.576d$	$L_1-2(R+d)+2L_2-2(R+d)+2(R+0.5d)0.5\pi$ $=L_1-7d+2L_2-7d+3d\pi$ $=L_1+2L_2-4.576d$

注：L_1—钢筋长度；L_2—弯钩长度；d—钢筋的直径；R—钢筋弯曲的加工半径。

表 1-10　双 90°弯钩"内皮尺寸法"下料长度计算

设：$R=2.5d$；$L_1'=L_1-2d_1$；$L_2'=L_2-d$
$L_1'+2L_2'-2\times0.288d$ $=L_1-2d+2(L_2-d)-2\times0.288d$ $=L_1+2L_2-4d-0.576d$ $=L_1+2L_2-4.576d$

注：L_1—钢筋长度；L_2—弯钩长度；d—钢筋的直径；R—钢筋弯曲的加工半径；L_1'—内皮尺寸；L_2'—两端弯钩长度。

表 1-9 中的 $R=2.5d$；$2.288d$ 为差值。

下料计算通常不用中心线法，而是用外皮尺寸法。两端为90°弯钩的拉筋也有可能是标注内皮尺寸，见图 1-56 和表 1-10。

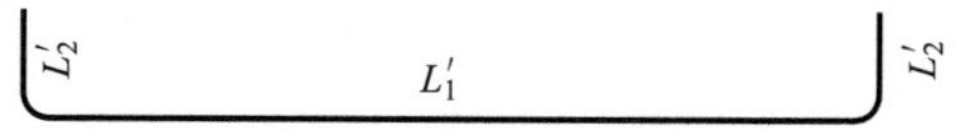

图 1-56　两端为90°弯钩的内皮尺寸标注

L_1'—内皮尺寸；L_2'—两端弯钩长度

计算结果与前两种方法一致。

（3）两端为135°弯钩的拉筋计算　目前常用的一种样式就是135°弯钩的拉筋，如图 1-57 所示。

如图 1-57（a）所示，AB 弧线展开长度是 AB'。BC 是钩端的直线部分。从 A 点弯起，向上一直到直线上端 C 点。展开以后，就算 AC' 线段。L' 是钢筋的水平部分；$R+d$ 是钢筋弯曲部分外皮的水平投影长度。图 1-57（b）是施工图上简图尺寸注法。钢筋两端弯曲加工后，外皮间尺寸就是 L_1。两端以外剩余的长度 $AB+BC-(R+d)$ 就是 L_2。

$$L_1=L'+2(R+d) \tag{1-51}$$

$$L_2=AB+BC-(R+d) \tag{1-52}$$

图 1-58 中补充了内皮尺寸的位置和平法框架图中钩端直线段规定长度。拉筋的尺寸标注仍按图 1-57（b）表示。

因为外皮尺寸的确定（AB、BC、CD、DE、EF）比较麻烦。如图 1-59，BC 段或 DE 段都是由两种尺寸加起来，而且其中还要计算三角正切值。所以图 1-57 只是说明外皮尺寸差值的理论出处。

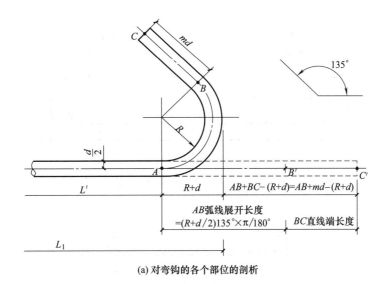

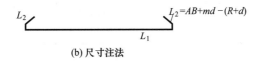

(a) 对弯钩的各个部位的剖析

(b) 尺寸注法

图 1-57 135°弯钩的拉筋

L'—钢筋的水平部分；md—钩端的直线部分长度；$R+d$—钢筋弯曲部分外皮的水平投影长度；
L_1—外皮间尺寸；L_2—两端以外剩余的长度；d—钢筋的直径；R—钢筋弯曲的加工半径；
AB—弧线长；AB'—AB 弧线展开长度；BC、$B'C'$—直线端长度

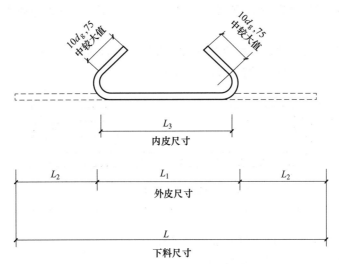

图 1-58 钩端直线段规定长度

d_g—箍筋直径；L—下料尺寸；L_1—外皮尺寸；L_2—两端以外剩余的长度；L_3—内皮尺寸

（4）两端为180°弯钩的拉筋计算 图 1-60 表示两端为180°弯钩的拉筋在加工前与加工后的形状。也可以认为是把弯起的钢筋展开为下料长度的样子。

下面再介绍内皮尺寸 L_3。

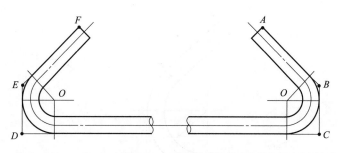

图 1-59　两种尺寸

AB、BC、CD、DE、EF—分段的外皮尺寸长度；O—圆心

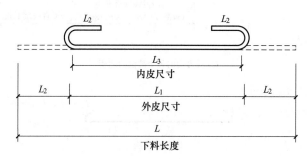

图 1-60　两端为 180°弯钩的拉筋加工前与加工后的形状

L—下料长度；L_1—外皮尺寸；L_2—两端以外剩余的长度；L_3—内皮尺寸

① 如果拉筋直接拉在纵向受力钢筋上，它的内皮尺寸就等于截面尺寸减去两个保护层的大小。

② 如果拉筋既拉住纵向受力钢筋，同时又拉住箍筋时，还要再加上两倍箍筋直径的尺寸。

【例 1-5】　按外皮尺寸法，计算两端为 180°弯钩的钢筋的 L_2 值（参看图 1-60、图 1-61）。设钢筋直径为 d；$R=2.5d$；钩端直线部分为 $4d$。

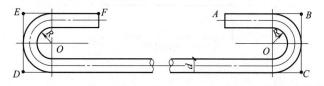

图 1-61　两端为 180°弯钩的拉筋

AB、BC、CD、DE、EF—分段的外皮尺寸长度；O—圆心；d—钢筋直径；R—钢筋弯曲的加工半径

【解】
$$L_2 = 4(R+d) + 4d - (R+d) - 2 \times 2.288d$$
$$= 3(R+d) + 4d - 4.576d$$
$$= 3(2.5d) + 4d - 4.576d \approx 6.924d$$

（5）一端钩≤90°，另一端钩＞90°的拉筋计算　如图 1-53（d）、（e）所示，就是"拉筋一端钩≤90°，另一端钩＞90°"的类型。而在图 1-62 中，L_1、L_2 属于外皮尺寸；L_3 属于展开尺寸。有外皮尺寸与外皮尺寸的夹角，外皮差值就用得着了。图 1-53（b）、（c）、（f）、（g）、（h）两端弯钩处，均需标注展开尺寸。

(a) 外皮尺寸(一)　　　　　　　　(b) 外皮尺寸(二)

图 1-62　外皮尺寸

L_1、L_2—外皮尺寸；L_3—展开尺寸

1.3　钢筋翻样的基本要求与方法

1.3.1　钢筋翻样的基本要求

一个合格的钢筋翻样工程师必须具备多方面的知识和经验，首先是结构理论方面的知识。人们总是错误地认为结构理论是结构师的事，其实不然，钢筋翻样工程师不仅要了解结构理论，而且要能利用结构理论解决工程实际翻样中遇到的各种问题。一个真正的钢筋翻样工程师应该是个结构设计师，尽管他不一定从事结构设计，但他必须系统掌握结构理论和设计方法，才能对优化设计提供有价值的建议，才能发现设计不合理之处，才能防患于未然，才能把图纸上存在的问题解决于图纸会审过程中，才能使后续施工顺利进行。初步设计阶段，钢筋翻样工程师可以利用自己的专业优势和丰富经验参与结构体系方案的优化论证；在施工图设计阶段也可以进行优化设计，确定用什么样的结构方案能多快好省，既能保证结构的安全又能节约造价；在图纸会审阶段，钢筋翻样工程师可以发挥更大的作用，在图纸会审时能发现和纠正图纸的缺陷、遗漏、矛盾、错误和不合理处，避免在施工时返工、修改；在施工阶段，优秀的钢筋翻样人员应及时提供正确的钢筋用量计划表和钢筋下料单，不因工程的复杂多样性和工期紧迫性而影响施工进度。如同翻译讲究信、达、雅，钢筋翻样也如此。

钢筋翻样的基本要求如下。

(1) 全面性　即不漏项，精通图纸，不遗漏建筑结构上的每一构件、每一细节。

(2) 精确性　不少算，不多算，不重算。除了专业训练外，细致认真的工作态度也很重要。没有绝对精确，由于规范标准也处在不断地完善修订之中，结构理论也没有完全成熟，所以严重依赖于结构理论和规范的钢筋翻样只追求相对精确。

(3) 可操作性　因地制宜根据实际施工情况计算，不能闭门造车，不能主观主义，钢筋翻样的成果不是用来自我欣赏，而是用于施工实际。可根据施工场地、施工进度、垂直运输机械等因素进行综合考虑；同时，根据各种设计变更进行不断的修改。施工往往有不确定性，钢筋翻样要随机应变。

(4) 合规性　钢筋翻样的结果一定要符合现行国家和地方的规范标准，同时可以创造性地发挥和运用，原则性与灵活性相统一。

(5) 适用性　钢筋翻样结果不仅用于钢筋的加工和绑扎，而且用于预算、结算、材料计划、成本控制等方面，所以钢筋翻样成果要有很广的适用范围。钢筋质量是基础性数据，钢筋计算要有可靠性，不因误差过大而导致被动和损失。

（6）指导性　钢筋翻样不仅服务于施工而且可以指导施工，可以通过形成详细正确的钢筋排列图避免工人误操作，根据钢筋价格与接头费用的比较提供最优最省的钢筋接头方案，通过精确估算，可以在预算阶段避免材料采购的失控，也可以在结算阶段避免少算漏算所带来不必要的损失。

1.3.2　钢筋翻样的方法

钢筋翻样的方法经历了不同的发展阶段。

第一阶段，最早的钢筋翻样是由设计师完成，在图纸上直接列出钢筋翻样表，用于概算、钢筋加工和钢筋绑扎。由于设计师对自己的设计成果的理解有得天独厚的优势，他无需臆测设计意图，因而不会产生理解上的偏差，对图纸的熟悉远比一般施工技术人员要强，对规范和结构理论及受力原理、受力特点也较施工人员熟悉，所以以前的钢筋翻样工作是由设计师担任。但由于钢筋翻样工作的自身复杂性，加上设计师对钢筋施工工艺并不熟悉，所以设计师的钢筋翻样成果也存在不少错误，导致它不能直接用于施工，需经过钢筋工长的复核修正才能用于实际施工。

第二阶段，计划经济时代，钢筋工长兼任钢筋翻样工作，钢筋翻样者同时参与钢筋班组的管理。由于工程规模不大，进度要求不快，所以这种"自给自足"的施工经营模式能适应也仅适应当时初级阶段生产力不发达的状况。

第三阶段，钢筋翻样与钢筋操作班组的分离。一些大型建筑集团设立钢筋翻样师岗位，但没有普及化，一些小型施工单位根本没有钢筋翻样专业人才，由钢筋承包班组自行解决。

第四阶段，一些大学生加入钢筋翻样队伍中，开始了钢筋翻样电算的尝试，提升了钢筋翻样从业人员的整体素质。

钢筋翻样的方法如下。

（1）纯手工法　这是最传统的方法，也是比较可靠的方法，现在仍是人们最常用的方法。任何软件的灵活性都不如手工，但手工的运算速度和效率远不如软件。

（2）电子表格法　以模拟手工的方法，在电子表格中设置一些计算公式，让软件去汇总，可以减轻一部分工作量。

（3）单根法　这是钢筋软件最基本、最简单、也是万能输入的一种方法，有的软件已能让用户自定义钢筋形状，可以处理任意形状钢筋的计算，这种方法很好地弥补了电子表格中钢筋形状不好处理的问题，但其效率仍然较低，智能化、自动化程度低。

（4）单构件法（或称参数法）　这种方法比起单根法又进化了一步，也是目前仍然在大量使用的一种方法。这种模式简单直观，通过软件内置各种典型性构件图库，并内置相应的计算规则，用户可以输入各种构件截面信息、钢筋信息和一些公共信息，软件自动计算出构件的各种钢筋长度和数量。但其弱点是适应性差，软件中内置的图库总是有限的，也无法穷举日益复杂的工程实际，遇到与软件中构件不一致的构件，软件往往无能为力，特别是一些复杂的异形构件，用单构件法是难以处理的。

（5）图形法（或称建模法）　这是一种钢筋翻样的高级方法，也是比较有效的方法，与结构设计的模式类似，即首先设置建筑的楼层信息，与钢筋有关的各种参数信息，各种构件的钢筋计算规则、构造规则以及钢筋的接头类型等一系列参数，然后根据图纸建立轴网，布置构件，输入构件的几何属性和钢筋属性，软件自动考虑构件之间的关联扣减，进行整体计算。这种方法智能化程度高，由于软件能自动读取构件的相关信息，所以构件参数输入少。

同时对各种形状复杂的建筑也能处理，但其操作方法复杂，特别是建模使一些计算机操作水平低的人望而生畏。

（6）CAD转化法   目前为止这是效率最高的钢筋翻样技术，它是利用设计院的CAD电子文件进行导入和转化，从而变为钢筋软件中的模型，让软件自动计算。这种方法可以省去用户建模的步骤，大大提高了钢筋计算的效率，但这种方法有两个前提，一是要有CAD电子文档，二是软件的识别率和转化率高，两者缺一不可。如果没有CAD电子文档，也可以寻找其他的解决之道，如用数码相机拍摄的数字图纸为钢筋软件所能兼容和识别的格式，从而为图纸转化创造条件。当前识别率不能达到理想的全识别效果也是困扰钢筋软件研发人员的一大问题，因为即使是99%的识别率，用户还是需要用99%的时间去查找1%的错误，有时如大海捞针，只能逐一检查，这样反而浪费了不少时间。

以上方法往往需要结合使用，没有哪种方法可以完全解决钢筋翻样的所有问题。

采用经过严格测试且符合规范和标准的计算机软件进行钢筋翻样能确保其计算的准确性，同时能提高效率、方便交流、节省人力资源，且能解决手工计算难以处理的复杂问题，其先进性已远远超越传统的手工方式。但钢筋翻样工程师如果过分依赖软件也会带来一些负面影响。许多钢筋翻样工程师因此而失去自我，丧失了基本的手算能力，遗忘了钢筋翻样的原理，从而也失去对软件计算结果的起码的判断力和审核能力。

1.4   平法钢筋计算相关数据

1.4.1   钢筋的计算截面面积及理论质量

钢筋的计算截面面积及理论质量见表1-11。

表1-11   钢筋的计算截面面积及理论质量

公称直径/mm	不同根数钢筋的计算截面面积/mm²									单根钢筋理论质量/(kg/m)
	1	2	3	4	5	6	7	8	9	
6	28.3	57	85	113	142	170	198	226	255	0.222
8	50.3	101	151	201	252	302	352	402	453	0.395
10	78.5	157	236	314	393	471	550	628	707	0.617
12	113.1	226	339	452	565	678	791	904	1017	0.888
14	153.9	308	461	615	769	923	1077	1231	1385	1.21
16	201.1	402	603	804	1005	1206	1407	1608	1809	1.58
18	254.5	509	763	1017	1272	1527	1781	2036	2290	2.00(2.11)
20	314.2	628	942	1256	1570	1884	2199	2513	2827	2.47
22	380.1	760	1140	1520	1900	2281	2661	3041	3421	2.98
25	490.9	982	1473	1964	2454	2945	3436	3927	4418	3.85(4.10)
28	615.8	1232	1847	2463	3079	3695	4310	4926	5542	4.83
32	804.2	1609	2413	3217	4021	4826	5630	6434	7238	6.31(6.65)
36	1017.9	2036	3054	4072	5089	6107	7125	8143	9161	7.99
40	1256.6	2513	3770	5027	6283	7540	8796	10053	11310	9.87(10.34)
50	1963.5	3928	5892	7856	9820	11784	13748	15712	17676	15.42(16.28)

注：括号内为预应力螺纹钢筋的数值。

1.4.2 钢筋锚固长度

受拉钢筋的基本锚固长度见表 1-12、表 1-13。

表 1-12 受拉钢筋基本锚固长度 l_{ab}

钢筋种类	混凝土强度等级								
	C20	C25	C30	C35	C40	C45	C50	C55	≥C60
HPB300	39d	34d	30d	28d	25d	24d	23d	22d	21d
HRB335	38d	33d	29d	27d	25d	23d	22d	21d	21d
HRB400、HRBF400、RRB400	—	40d	35d	32d	29d	28d	27d	26d	25d
HRB500、HRBF500	—	48d	43d	39d	36d	34d	32d	31d	30d

注：d 为锚固钢筋直径。

表 1-13 抗震设计时受拉钢筋基本锚固长度 l_{abE}

钢筋种类		混凝土强度等级								
		C20	C25	C30	C35	C40	C45	C50	C55	≥C60
HPB300	一、二级	45d	39d	35d	32d	29d	28d	26d	25d	24d
	三级	41d	36d	32d	29d	26d	25d	24d	23d	22d
HRB335	一、二级	44d	38d	33d	31d	29d	26d	25d	24d	24d
	三级	40d	35d	31d	28d	26d	24d	23d	22d	22d
HRB400 HRBF400	一、二级	—	46d	40d	37d	33d	32d	31d	30d	29d
	三级	—	42d	37d	34d	30d	29d	28d	27d	26d
HRB500 HRBF500	一、二级	—	55d	49d	45d	41d	39d	37d	36d	35d
	三级	—	50d	45d	41d	38d	36d	34d	33d	32d

注：1. d 为锚固钢筋直径。

2. 四级抗震时，$l_{abE} = l_{ab}$。

3. HPB300、HRB335 级钢筋规格限于直径 6～14mm。

4. 当锚固钢筋的保护层厚度不大于 5d 时，在钢筋锚固长度范围内应配置构造钢筋（箍筋或横向钢筋）的要求，以防止保护层混凝土劈裂时钢筋突然失锚，其中对于构造钢筋的直径根据最大锚固钢筋的直径确定；对于构造钢筋的间距，按最小锚固钢筋的直径取值。

受拉钢筋的锚固长度见表 1-14、表 1-15。

1.4.3 钢筋搭接长度

纵向受拉钢筋搭接长度见表 1-16、表 1-17。

1.4.4 钢筋混凝土结构伸缩缝最大间距

钢筋混凝土结构伸缩缝最大间距见表 1-18。

1.4.5 现浇钢筋混凝土房屋适用的最大高度

现浇钢筋混凝土房屋适用的最大高度见表 1-19。

表 1-14　受拉钢筋锚固长度 l_a

钢筋种类	混凝土强度等级																	
	C20	C25		C30		C35		C40		C45		C50		C55		≥C60	
	d≤25	d≤25	d>25	d≤25	d>25	d≤25	d>25	d≤25	d>25	d≤25	d>25	d≤25	d>25	d≤25	d>25	d≤25	d>25
HPB300	39d	34d	—	30d	—	28d	—	25d	—	24d	—	23d	—	22d	—	21d	—
HRB335	38d	33d	—	29d	—	27d	—	25d	—	23d	—	22d	—	21d	—	21d	—
HRB400、HRBF400 RRB400	—	40d	44d	35d	39d	32d	35d	29d	32d	28d	31d	27d	30d	26d	29d	25d	28d
HRB500、HRBF500	—	48d	53d	43d	47d	39d	43d	36d	40d	34d	37d	32d	35d	31d	34d	30d	33d

表 1-15　受拉钢筋抗震锚固长度 l_{aE}

钢筋种类		混凝土强度等级																
		C20	C25		C30		C35		C40		C45		C50		C55		≥C60	
		d≤25	d≤25	d>25	d≤25	d>25	d≤25	d>25	d≤25	d>25	d≤25	d>25	d≤25	d>25	d≤25	d>25	d≤25	d>25
HPB300	一、二级	45d	39d	—	35d	—	32d	—	29d	—	28d	—	26d	—	25d	—	24d	—
	三级	41d	36d	—	32d	—	29d	—	26d	—	25d	—	24d	—	23d	—	22d	—
HRB335	一、二级	44d	38d	—	33d	—	31d	—	29d	—	26d	—	25d	—	24d	—	24d	—
	三级	40d	35d	—	30d	—	28d	—	26d	—	24d	—	23d	—	22d	—	22d	—
HRB400、HRBF400	一、二级	—	46d	51d	40d	45d	37d	40d	33d	37d	32d	36d	31d	35d	30d	33d	29d	32d
	三级	—	42d	46d	37d	41d	34d	37d	30d	34d	29d	33d	28d	32d	27d	30d	26d	29d
HRB500	一、二级	—	55d	61d	49d	54d	45d	49d	41d	46d	39d	43d	37d	40d	36d	39d	35d	38d
HRBF500	三级	—	50d	56d	45d	49d	41d	45d	38d	42d	36d	39d	34d	37d	33d	36d	32d	35d

注：1. 当环氧树脂涂层带肋钢筋时，表中数据尚应乘以 1.25。

2. 当纵向受拉钢筋在施工过程中易受扰动时，表中数据尚应乘以 1.1。

3. 当纵向受拉钢筋的锚固长度范围内受力钢筋周边保护层厚度为 3d、5d（d 为锚固钢筋的直径）时，表中数据可分别乘以 0.8、0.7；中间时按内插值计算。

4. 受拉钢筋的锚固长度 l_a、l_{aE} 计算值不应小于 200mm。

5. 四级抗震时，$l_{aE}=l_a$。

6. 当锚固钢筋的保护层厚度不大于 5d 时，锚固长度范围内应设置横向构造钢筋，其直径不应小于 d/4（d 为锚固钢筋的最大直径；对梁、柱等构件间距不应大于 5d，对板、墙等构件间距不应大于 10d，且均不应大于 100mm（d 为锚固钢筋的最小直径）。

7. HPB300、HRB335 级钢筋规格限于直径 6～14mm。

表1-16 纵向受拉钢筋搭接长度 l_l

钢筋种类		混凝土强度等级																
		C20	C25		C30		C35		C40		C45		C50		C55		≥C60	
		d≤25	d≤25	d>25	d≤25	d>25	d≤25	d>25	d≤25	d>25	d≤25	d>25	d≤25	d>25	d≤25	d>25	d≤25	d>25
HPB300	≤25%	47d	41d	—	36d	—	34d	—	30d	—	29d	—	28d	—	26d	—	25d	—
	50%	55d	48d	—	42d	—	39d	—	35d	—	34d	—	32d	—	31d	—	29d	—
	100%	62d	54d	—	48d	—	45d	—	40d	—	38d	—	37d	—	35d	—	34d	—
HRB335	≤25%	46d	40d	—	35d	—	32d	—	30d	—	28d	—	26d	—	25d	—	25d	—
	50%	53d	46d	—	41d	—	38d	—	35d	—	32d	—	31d	—	29d	—	29d	—
	100%	61d	53d	—	46d	—	43d	—	40d	—	37d	—	35d	—	34d	—	34d	—
HRB400 HRBF400 RRB400	≤25%	—	48d	53d	42d	47d	38d	42d	35d	38d	34d	37d	32d	36d	31d	35d	30d	34d
	50%	—	56d	62d	49d	55d	45d	49d	41d	45d	39d	43d	38d	42d	36d	41d	35d	39d
	100%	—	64d	70d	56d	62d	51d	56d	46d	51d	45d	50d	43d	48d	42d	46d	40d	45d
HRB500 HRBF500	≤25%	—	58d	64d	52d	56d	47d	52d	43d	48d	41d	44d	38d	42d	37d	41d	36d	40d
	50%	—	67d	74d	60d	66d	55d	60d	50d	56d	48d	52d	45d	49d	43d	48d	42d	46d
	100%	—	77d	85d	69d	75d	62d	69d	58d	64d	54d	59d	51d	56d	50d	54d	48d	53d

注：1. 表中数值为纵向受拉钢筋绑扎搭接接头的搭接长度。

2. 两根不同直径钢筋搭接时，表中 d 取较细钢筋直径。

3. 当为环氧树脂涂层带肋钢筋时，表中数据尚应乘以1.25。

4. 当纵向受拉钢筋在施工过程中易受扰动时，表中数据尚应乘以1.1。

5. 当搭接长度范围内纵向受力钢筋周边保护层厚度为3d、5d（d为搭接钢筋的直径）时，表中数据可分别乘以0.8、0.7；中间时按内插值。

6. 当纵向受拉普通钢筋锚固长度修正系数（注3～注5）多于一项时，可按连乘计算。

7. 任何情况下，搭接长度不应小于300mm。

8. HPB300、HRB335级钢筋规格限于直径6～14mm。

表 1-17　纵向受拉钢筋抗震搭接长度 l_{lE}

抗震等级	钢筋种类	搭接百分率	C20	C25		C30		C35		C40		C45		C50		C55		≥C60	
			d≤25	d≤25	d>25	d≤25	d>25	d≤25	d>25	d≤25	d>25	d≤25	d>25	d≤25	d>25	d≤25	d>25	d≤25	d>25
一、二级抗震等级	HPB300	≤25%	54d	47d	—	42d	—	38d	—	35d	—	34d	—	31d	—	30d	—	29d	—
		50%	63d	55d	—	49d	—	45d	—	41d	—	39d	—	36d	—	35d	—	34d	—
	HRB335	≤25%	53d	46d	—	40d	—	37d	—	35d	—	31d	—	30d	—	29d	—	29d	—
		50%	62d	53d	—	46d	—	43d	—	41d	—	36d	—	35d	—	34d	—	34d	—
	HRB400 HRBF400	≤25%	—	55d	61d	48d	54d	44d	48d	40d	44d	38d	43d	37d	42d	36d	40d	35d	38d
		50%	—	64d	71d	56d	63d	52d	56d	46d	52d	45d	50d	43d	49d	42d	46d	41d	45d
	HRB500 HRBF500	≤25%	—	66d	73d	59d	65d	54d	59d	49d	55d	47d	52d	44d	48d	43d	47d	42d	46d
		50%	—	77d	85d	69d	76d	63d	69d	57d	64d	55d	60d	52d	56d	50d	55d	49d	53d
三级抗震等级	HPB300	≤25%	49d	43d	—	38d	—	35d	—	31d	—	30d	—	29d	—	28d	—	26d	—
		50%	57d	50d	—	45d	—	41d	—	36d	—	35d	—	34d	—	32d	—	31d	—
	HRB335	≤25%	48d	42d	—	36d	—	34d	—	31d	—	29d	—	28d	—	26d	—	26d	—
		50%	56d	49d	—	42d	—	39d	—	36d	—	34d	—	32d	—	31d	—	31d	—
	HRB400 HRBF400	≤25%	—	50d	55d	44d	49d	41d	44d	36d	41d	35d	40d	34d	38d	32d	36d	31d	35d
		50%	—	59d	64d	52d	57d	48d	52d	42d	48d	41d	46d	39d	45d	38d	42d	36d	41d
	HRB500 HRBF500	≤25%	—	60d	67d	54d	59d	49d	54d	46d	50d	43d	47d	41d	44d	40d	43d	38d	42d
		50%	—	70d	78d	63d	69d	57d	63d	53d	59d	50d	55d	48d	52d	46d	50d	45d	49d

注：1. 表中数值为纵向受拉钢筋绑扎搭接接头的搭接长度。

2. 两根不同直径钢筋搭接时，表中 d 取较细钢筋直径。

3. 当为环氧树脂涂层带肋钢筋时，表中数据尚应乘以 1.25。

4. 当纵向受拉钢筋在施工过程中易受扰动时，表中数据尚应乘以 1.1。

5. 当搭接长度范围内纵向受力钢筋周边保护层厚度为 3d、5d（d 为搭接钢筋的直径）时，表中数据可分别乘以 0.8、0.7；中间时按内插值。

6. 当纵向受拉普通钢筋锚固长度修正系数（注 3～注 5）多于一项时，可按连乘计算。

7. 任何情况下，搭接长度不应小于 300mm。

8. HPB300、HRB335 级钢筋规格限于直径 6～14mm。

9. 四级抗震时，$l_{lE} = l_l$。

表 1-18　钢筋混凝土结构伸缩缝最大间距　　　　　　　　　　　　　　　m

结构类别		室内或土中	露天
排架结构	装配式	100	70
框架结构	装配式	75	50
	现浇式	55	35
剪力墙结构	装配式	65	40
	现浇式	45	30
挡土墙、地下室墙壁等类结构	装配式	40	30
	现浇式	30	20

注：1. 装配整体式结构的伸缩缝间距，可根据结构的具体情况取表中装配式结构与现浇式结构之间的数值。

2. 框架-剪力墙结构或框架-核心筒结构房屋的伸缩缝间距，可根据结构的具体情况取表中框架结构与剪力墙结构之间的数值。

3. 当屋面无保温或隔热措施时，框架结构、剪力墙结构的伸缩缝间距宜按表中露天栏的数值取用。

4. 现浇挑檐、雨罩等外露结构的局部伸缩缝间距不宜大于 12m。

表 1-19　现浇钢筋混凝土房屋适用的最大高度　　　　　　　　　　　　m

结构类型		烈　度				
		6	7	8(0.2g)	8(0.3g)	9
框架		60	50	40	35	24
框架-抗震墙		130	120	100	80	50
抗震墙		140	120	100	80	60
部分框支抗震墙		120	100	80	50	不应采用
筒体	框架-核心筒	150	130	100	90	70
	筒中筒	180	150	120	100	80
板柱-抗震墙		80	70	55	40	不应采用

注：1. 房屋高度指室外地面到主要屋面板板顶的高度（不包括局部突出屋顶部分）。

2. 框架-核心筒结构指周边稀柱框架与核心筒组成的结构。

3. 部分框支抗震墙结构指首层或底部两层为框支层的结构，不包括仅个别框支墙的情况。

4. 表中框架，不包括异形柱框架。

5. 板柱-抗震墙结构指板柱、框架和抗震墙组成抗侧力体系的结构。

6. 乙类建筑可按本地区抗震设防烈度确定其适用的最大高度。

7. 超过表内高度的房屋，应进行专门研究和论证，采取有效的加强措施。

2 框架部分翻样与下料

2.1 框架部分钢筋排布构造

2.1.1 框架柱钢筋排布构造

2.1.1.1 框架纵向钢筋连接构造

框架柱（KZ）纵向钢筋（纵筋）有三种连接方式：绑扎搭接、机械连接和焊接连接，如图 2-1 所示。

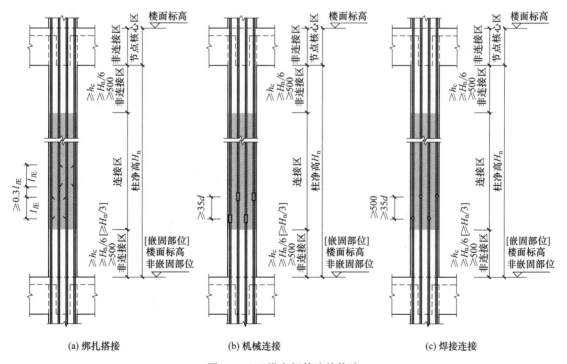

(a) 绑扎搭接   (b) 机械连接   (c) 焊接连接

图 2-1 KZ 纵向钢筋连接构造

H_n—所在楼层的柱净高；h_c—柱截面长边尺寸；l_{lE}—纵向受拉钢筋抗震搭接长度；d—纵向受力钢筋的较大直径

（1）柱纵向钢筋的非连接区　所谓"非连接区"，就是柱纵向钢筋不允许在这个区域内进行连接。

① 嵌固部位以上有一个"非连接区"，其长度为 $H_n/3$（H_n 即从嵌固部位到顶板梁底的柱的净高）。

② 楼层梁上下部位的范围形成一个"非连接区"，其长度包括三部分：梁底以下部分、梁中部分和梁顶以上部分。

a. 梁底以下部分的非连接区长度 $\geqslant \max(H_n/6, h_c, 500)$（$H_n$ 即所在楼层的柱净高，h_c 为柱截面长边尺寸，500 为截面直径）。

b. 梁中部分的非连接区长度＝梁的截面高度。

c. 梁顶以上部分的非连接区长度 $\geqslant \max(H_n/6, h_c, 500)$（$H_n$ 即上一楼层的柱净高，h_c 为柱截面长边尺寸，500 为截面直径）。

（2）柱相邻纵向钢筋连接接头应相互错开　柱相邻纵向钢筋连接接头相互错开，在同一连接区段内钢筋接头面积百分率不应大于 50%。柱纵向钢筋连接接头相互错开的距离：

① 机械连接接头错开距离 $\geqslant 35d$。

② 焊接连接接头错开距离 $\geqslant 35d$ 且 $\geqslant 500\text{mm}$。

③ 绑扎搭接连接搭接长度 l_{lE}（l_{lE} 即绑扎搭接长度），接头错开距离 $\geqslant 0.3l_{lE}$。

2.1.1.2　上、下柱钢筋不同时钢筋构造

上柱钢筋比下柱多时构造见图 2-2（a），上柱钢筋比下柱少时构造见图 2-2（b），上柱钢筋直径比下柱大时构造见图 2-2（c），上柱钢筋直径比下柱小时构造见图 2-2（d）。

（1）上柱钢筋比下柱钢筋根数多时，上层柱多出的钢筋伸入下层 $1.2l_{aE}$（注意起算位置）。

（2）上柱钢筋比下柱钢筋根数少时，下层柱多出的钢筋伸入上层 $1.2l_{aE}$（注意起算位置）。

（3）上柱钢筋比下柱钢筋直径大时，上层较大直径钢筋伸入下层的上端非连接区与下层较小直径的钢筋连接。

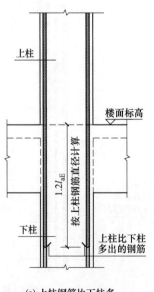

（a）上柱钢筋比下柱多

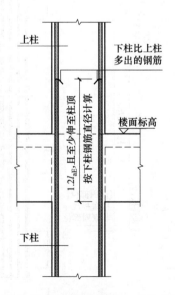

（b）上柱钢筋比下柱少

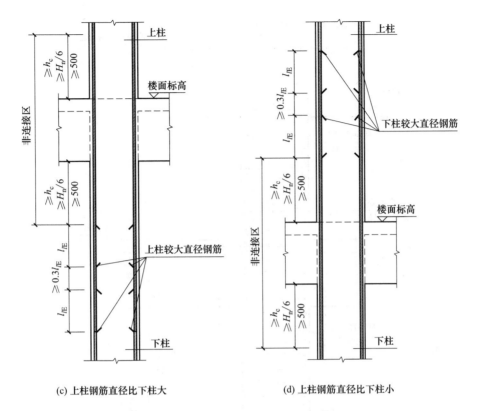

(c) 上柱钢筋直径比下柱大　　　　　　　(d) 上柱钢筋直径比下柱小

图 2-2　上、下柱钢筋不同时钢筋构造

H_n—所在楼层的柱净高；h_c—柱截面长边尺寸；l_{lE}—纵向受拉钢筋抗震搭接长度；

l_{aE}—受拉钢筋抗震锚固长度

（4）上柱钢筋比下柱钢筋直径小时，下层较大直径钢筋伸入上层的上端非连接区与上层较小直径的钢筋连接。

2.1.1.3　柱箍筋排布构造

柱箍筋排布构造如图 2-3 所示。在基础顶面嵌固部位≥$H_n/3$ 范围内，中间层梁柱节点以下和以上各 max（$H_n/6$，500，h_c）范围内，顶层梁底以下 max（$H_n/6$，500，h_c）至屋面顶层范围内设置箍筋。

2.1.1.4　柱插筋在基础中的排布构造

当纵向钢筋的保护层厚度均大于 5d（d 为锚固钢筋的最大直径）时，图 2-4 中柱插筋方式应由设计人员根据柱受力情况选定。当设计文件没有指定柱插筋方式时，可按如下原则选用柱插筋方式。

（1）当基础高度 h_j 或基础顶面与中间层钢筋网片的距离小于 1200mm 时，采用图 2-4（a）的柱插筋锚固方式。

（2）当基础高度 h_j 或基础顶面与中间层钢筋网片的距离大于 1400mm 时，采用图 2-4（b）～（d）的柱插筋锚固方式。

（3）当基础高度 h_j 或基础顶面与中间层钢筋网片的距离为 1200～1400mm 时，柱插筋的锚固方式由设计确定。

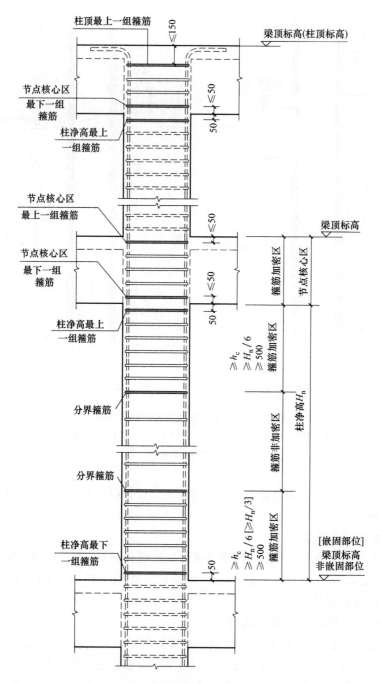

图 2-3 柱箍筋排布构造

H_n—所在楼层的柱净高；h_c—柱截面长边尺寸

2.1.2 框架梁钢筋排布构造

2.1.2.1 梁纵向钢筋连接构造

梁纵向钢筋连接位置如图 2-5 所示。

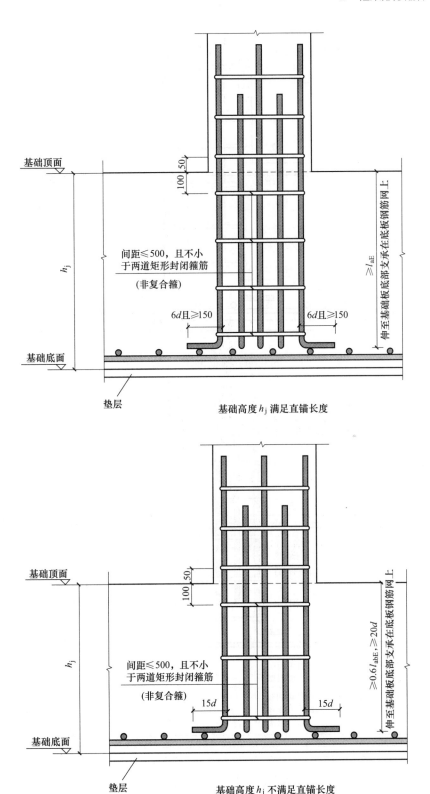

(a) 柱插筋在基础中的排布构造(一)

图 2-4

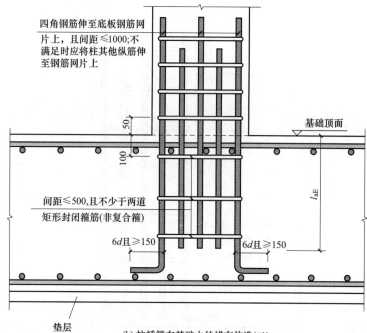

(b) 柱插筋在基础中的排布构造(二)

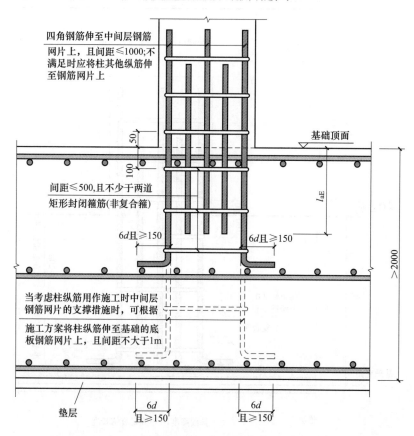

(c) 柱插筋在基础中的排布构造(三)

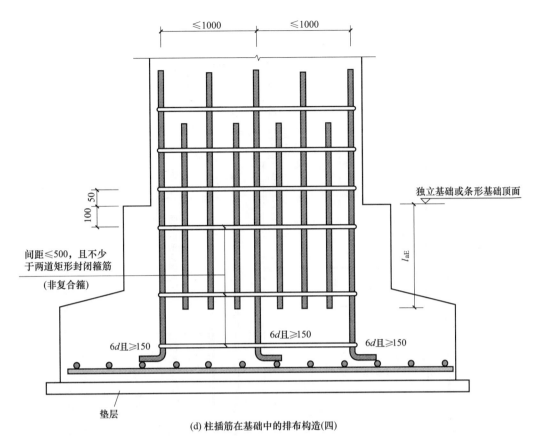

(d) 柱插筋在基础中的排布构造(四)

图 2-4 柱插筋在基础中的排布构造

h_j—基础高度；l_{aE}—受拉钢筋抗震锚固长度；l_{abE}—抗震设计时受拉钢筋基本

锚固长度；d—钢筋直径

（1）跨度值 l_{ni} 为净跨长度，l_n 为支座处左跨 l_{ni} 和右跨 l_{ni+1} 之较大值，其中 $i=1$，2，3，…。

（2）框架梁上部通长钢筋与非贯通钢筋直径相同时，纵筋连接位置宜位于跨中 $l_{ni}/3$ 范围内。

（3）框架梁上部第二排非通长钢筋从支座边伸出至 $l_n/4$ 位置处。

（4）框架梁下部钢筋宜贯穿节点或支座，可延伸至相邻跨内箍筋加密区以外搭接连接，连接位置宜位于支座 $l_{ni}/3$ 范围内，且距离支座外边缘不应小于 $1.5h_0$。

（5）当非框架梁上部有通长钢筋时，连接位置宜位于跨中 $l_{ni}/3$ 范围内；梁下部钢筋连接位置宜位于支座 $l_{ni}/4$ 范围内。

（6）框架梁下部纵向钢筋应尽量避免在中柱内锚固，宜本着"能通则通"的原则来保证节点核心区混凝土的浇筑质量。当必须锚固时，锚固做法如图 2-6 所示。

（7）框架梁纵向受力钢筋连接位置宜避开梁端箍筋加密区。如必须在此连接，应采用机械连接或焊接。

（8）在连接范围内相邻纵向钢筋连接接头应相互错开，且位于同一连接区段内纵向钢筋接头面积百分数不宜大于 50%。

（9）梁的同一根纵筋在同一跨内设置连接接头不得多于 1 个。悬臂梁的纵向钢筋不得设

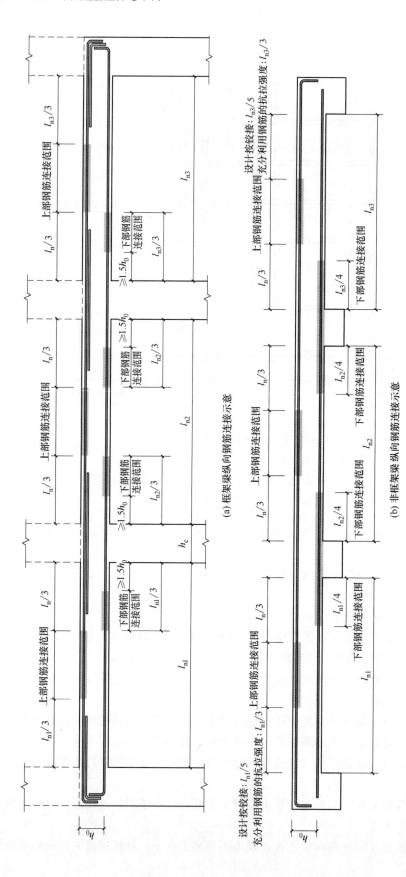

(a) 框架梁纵向钢筋连接示意

(b) 非框架梁梁纵向钢筋连接示意

图 2-5 梁纵向钢筋连接位置

l_n——支座处左跨 l_{ni} 和右跨 l_{ni+1} 的较大值；l_{n1}、l_{n2}、l_{n3}——边跨的净跨长度；h_c——柱截面沿框架方向的高度；h_0——梁截面有效高度

置连接接头。

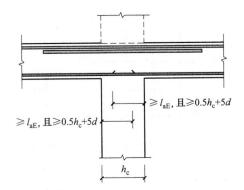

图 2-6 框架梁下部纵筋在支座处锚固

l_{aE}—受拉钢筋抗震锚固长度；h_c—柱截面沿框架方向的高度；d—钢筋直径

2.1.2.2 变截面框架梁钢筋排布构造

变截面框架梁钢筋排布构造如图 2-7 所示。

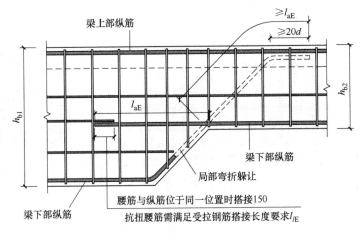

(a) 构造(一)

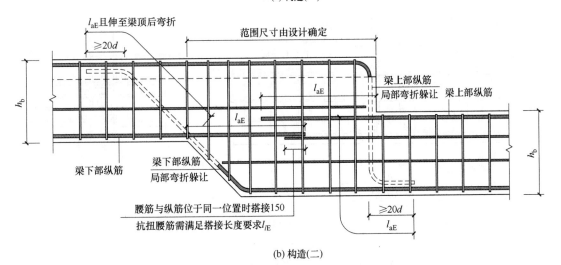

(b) 构造(二)

图 2-7

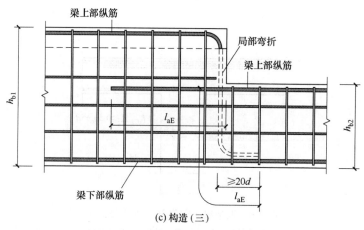

(c) 构造（三）

图 2-7　变截面框架梁钢筋排布构造

h_b、h_{b1}、h_{b2}—梁截面高度；l_{aE}—受拉钢筋抗震锚固长度；

l_{lE}—纵向受拉钢筋抗震搭接长度；d—钢筋直径

2.1.2.3　梁上起柱钢筋排布构造

梁上起柱钢筋排布构造如图 2-8 所示。

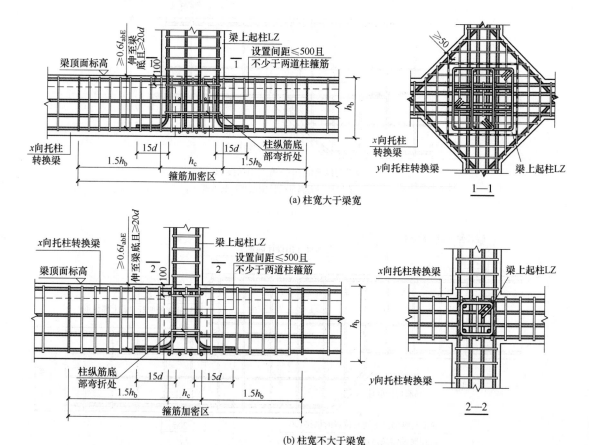

(a) 柱宽大于梁宽

(b) 柱宽不大于梁宽

图 2-8　梁上起柱钢筋排布构造

h_b—梁截面高度；h_c—柱截面沿框架方向的高度；

d—钢筋直径；l_{abE}—抗震设计时受拉钢筋基本锚固长度

2.2 框架柱钢筋翻样与下料方法

2.2.1 边柱顶筋下料

2.2.1.1 边柱顶筋加工尺寸计算

边柱顶筋加工尺寸计算公式见表 2-1。

表 2-1 边柱顶筋加工尺寸计算公式

情 况	图		计 算 方 法
A 节点形式	柱外侧筋图 L_2 L_1	不少于柱外侧筋面积的 65% 伸入梁内	(1)绑扎搭接 长筋 $L_1 = H_n - \max(H_n/6, h_c, 500) + 梁高 h - 梁筋保护层厚$ 短筋 $\quad L_1 = H_n - \max(H_n/6, h_c, 500) - 1.3 l_{lE} + 梁高 h -$ $\qquad 梁筋保护层厚$ (2)焊接连接(机械连接与其类似) 长筋 $L_1 = H_n - \max(H_n/6, h_c, 500) + 梁高 h - 梁筋保护层厚$ 短筋 $\quad L_1 = H_n - \max(H_n/6, h_c, 500) - \max(500, 35d) + 梁高$ $\qquad h - 梁筋保护层厚$ 绑扎搭接与焊接连接的 L_2 相同,即 $\qquad L_2 = 1.5 l_{aE} - 梁高 h + 梁筋保护层厚$
	柱外侧纵筋伸至柱内侧弯下图 L_2 L_3 L_1	其余(<35%)柱外侧纵筋伸至柱内侧弯下	(1)绑扎搭接 长筋 $L_1 = H_n - \max(H_n/6, h_c, 500) + 梁高 h - 梁筋保护层厚$ 短筋 $\quad L_1 = H_n - \max(H_n/6, h_c, 500) - 1.3 l_{lE} + 梁高 h - 梁筋保$ $\qquad 护层厚$ (2)焊接连接(机械连接与其类似) 长筋 $L_1 = H_n - \max(H_n/6, h_c, 500) + 梁高 h - 梁筋保护层厚$ 短筋 $\quad L_1 = H_n - \max(H_n/6, h_c, 500) - \max(500, 35d) + 梁高 h -$ $\qquad 梁筋保护层厚$ 绑扎搭接与焊接连接的 L_2 相同,即 $\qquad L_2 = H_c - 2 \times 柱保护层厚,L_3 = 8d$
	柱内侧筋图 L_2 L_1	直锚长度$<l_{aE}$	(1)绑扎搭接 长筋 $L_1 = H_n - \max(H_n/6, h_c, 500) + 梁高 h - 梁筋保护层厚 -$ $\qquad (30 + d)$ 短筋 $\quad L_1 = H_n - \max(H_n/6, h_c, 500) - 1.3 l_{lE} + 梁高 h -$ $\qquad 梁筋保护层厚 - (30 + d)$ (2)焊接连接(机械连接与其类似) 长筋 $\quad L_1 = H_n - \max(H_n/6, h_c, 500) + 梁高 h -$ $\qquad 梁筋保护层厚 - (30 + d)$ 短筋 $\quad L_1 = H_n - \max(H_n/6, h_c, 500) - \max(500, 35d) +$ $\qquad 梁高 h - 梁筋保护层厚 - (30 + d)$ 绑扎搭接与焊接连接的 L_2 相同,即 $\qquad L_2 = 12d$

情况	图	计算方法
A节点形式	**柱内侧筋图** L_2 L_1 直锚长度 $\geqslant l_{aE}$ (此时的 $L_2=0$)	(1)绑扎搭接 长筋 $$L_1=H_n-\max(H_n/6,h_c,500)+l_{aE}$$ 短筋 $$L_1=H_n-\max(H_n/6,h_c,500)-1.3l_{lE}+l_{aE}$$ (2)焊接连接(机械连接与其类似) 长筋 $$L_1=H_n-\max(H_n/6,h_c,500)+l_{aE}$$ 短筋 $$L_1=H_n-\max(H_n/6,h_c,500)-\max(500,35d)+l_{aE}$$
B节点形式	—	当顶层为现浇板,其混凝土强度等级≥C20,板厚≥8mm时采用该节点形式,其顶筋的加工尺寸计算公式与A节点形式对应钢筋的计算公式相同
C节点形式	—	当柱外侧纵向钢筋配料率大于1.2%时,柱外侧纵筋分两次截断,那么柱外侧纵向钢筋长、短筋的 L_1 同A节点形式的柱外侧纵向钢筋长、短筋 L_1 计算。L_1 的计算方法如下 第一次截断 $$L_2=1.5l_{aE}-梁高\,h+梁筋保护层厚$$ 第二次截断 $$L_2=1.5l_{aE}-梁高\,h+梁筋保护层厚+20d$$ B、C节点形式的其他柱内纵筋加工长度计算同A节点形式的对应筋
D、E节点形式	**柱外侧纵筋加工长度** L_2 L_1	(1)绑扎搭接 长筋 $$L_1=H_n-\max(H_n/6,h_c,500)+梁高\,h-梁筋保护层厚$$ 短筋 $$L_1=H_n-\max(H_n/6,h_c,500)-1.3l_{lE}+梁高\,h-梁筋保护层厚$$ (2)焊接连接(机械连接与其类似) 长筋 $$L_1=H_n-\max(H_n/6,h_c,500)+梁高\,h-梁筋保护层厚$$ 短筋 $$L_1=H_n-\max(H_n/6,h_c,500)-\max(500,35d)+梁高\,h-梁筋保护层厚$$ 绑扎搭接与焊接连接的 L_2 相同,即 $$L_2=12d$$ D、E节点形式的其他柱内侧纵筋加工尺寸计算同A节点形式柱内侧对应筋计算

2.2.1.2 边柱顶筋下料长度计算公式

A节点形式中小于35%柱外侧纵筋伸至柱内弯下的纵筋下料长度公式为:

$$L=L_1+L_2+L_3-2\times90°量度差值 \tag{2-1}$$

其他纵筋均为:

$$L=L_1+L_2-2\times90°量度差值 \tag{2-2}$$

式中 L、L_1、L_2、L_3——钢筋下料长度。

2.2.2 角柱顶筋下料

(1)角柱顶筋中的第一排筋 角柱顶筋中的第一排筋可以利用边柱柱外侧筋的公式来

计算。

（2）角柱顶筋中的第二排筋

① 绑扎搭接。长筋

$$L_1 = H_n - \max(H_n/6, h_c, 500) + 梁高\,h - 梁筋保护层厚 - (30+d) \tag{2-3}$$

短筋

$$L_1 = H_n - \max(H_n/6, h_c, 500) - 1.3l_{lE} + 梁高\,h - 梁筋保护层厚 - (30+d) \tag{2-4}$$

② 焊接连接（机械连接与其类似）。长筋

$$L_1 = H_n - \max(H_n/6, h_c, 500) + 梁高\,h - 梁筋保护层厚 - (30+d) \tag{2-5}$$

短筋

$$L_1 = H_n - \max(H_n/6, h_c, 500) - \max(500, 35d) + 梁高\,h - 梁筋保护层厚 - (30+d) \tag{2-6}$$

③ 绑扎搭接与焊接连接的 L_2 相同，即

$$L_2 = 1.5l_{aE} - 梁高\,h + 梁筋保护层厚 + (30+d) \tag{2-7}$$

（3）角柱顶筋中的第三排筋（直锚长度 $<l_{aE}$，即有水平筋）

① 绑扎搭接。长筋

$$L_1 = H_n - \max(H_n/6, h_c, 500) + 梁高\,h - 梁筋保护层厚 - 2\times(30+d) \tag{2-8}$$

短筋 $$L_1 = H_n - \max(H_n/6, h_c, 500) - 1.3l_{lE} + 梁高\,h - 梁筋保护层厚 - 2\times(30+d) \tag{2-9}$$

② 焊接连接（机械连接与其类似）。长筋

$$L_1 = H_n - \max(H_n/6, h_c, 500) + 梁高\,h - 梁筋保护层厚 - 2\times(30+d) \tag{2-10}$$

短筋

$$L_1 = H_n - \max(H_n/6, h_c, 500) - \max(500, 35d) + 梁高\,h - 梁筋保护层厚 - 2\times(30+d) \tag{2-11}$$

③ 绑扎搭接与焊接连接的 L_2 相同，即

$$L_2 = 12d \tag{2-12}$$

若此时直锚长度 $\geqslant l_{aE}$，即无水平筋，那么其筋计算与边柱柱内侧筋在直锚长度 $\geqslant l_{aE}$ 时的情况一样。

（4）角柱顶筋中的第四排筋（直锚长度 $<l_{aE}$，即有水平筋）

① 绑扎搭接。长筋

$$L_1 = H_n - \max(H_n/6, h_c, 500) + 梁高\,h - 梁筋保护层厚 - 3\times(30+d) \tag{2-13}$$

短筋 $$L_1 = H_n - \max(H_n/6, h_c, 500) - 1.3l_{lE} + 梁高\,h - 梁筋保护层厚 - 3\times(30+d) \tag{2-14}$$

② 焊接连接（机械连接与其类似）。长筋

$$L_1 = H_n - \max(H_n/6, h_c, 500) + 梁高\,h - 梁筋保护层厚 - 3\times(30+d) \tag{2-15}$$

短筋

$$L_1 = H_n - \max(H_n/6, h_c, 500) - \max(500, 35d) + 梁高\,h - 梁筋保护层厚 - 3\times(30+d) \tag{2-16}$$

③ 绑扎搭接与焊接连接的 L_2 相同，即

$$L_2 = 12d \tag{2-17}$$

若此时直锚长度 $\geqslant l_{aE}$，即无水平筋，那么其筋计算与边柱柱内侧筋在直锚长度 $\geqslant l_{aE}$ 时的情况一样。

2.2.3 中柱顶筋下料

2.2.3.1 直锚长度$<l_{aE}$

加工尺寸如图 2-9 所示。

图 2-9 加工尺寸
$(L_2=12d)$
L_1、L_2—钢筋下料长度；
d—钢筋直径

(1) 加工尺寸

① 绑扎搭接。长筋

$$L_1=H_n-\max(H_n/6,h_c,500)+0.5l_{aE}（且伸至柱顶）$$

(2-18)

短筋

$$L_1=H_n-\max(H_n/6,h_c,500)-1.3l_{lE}+0.5l_{aE}（且伸至柱顶）$$

(2-19)

② 焊接连接（机械连接与其类似）。长筋

$$L_1=H_n-\max(H_n/6,h_c,500)+0.5l_{aE}（且伸至柱顶）$$

(2-20)

短筋

$$L_1=H_n-\max(H_n/6,h_c,500)-\max(500,35d)+0.5l_{aE}（且伸至柱顶）$$ (2-21)

(2) 下料长度

$$L=L_1+L_2-90°量度差值$$

(2-22)

2.2.3.2 直锚长度$\geqslant l_{aE}$

(1) 绑扎搭接加工尺寸　长筋

$$L=H_n-\max(H_n/6,h_c,500)+l_{aE}（且伸至柱顶）$$

(2-23)

短筋　　　　$$L=H_n-\max(H_n/6,h_c,500)-1.3l_{lE}+l_{aE}（且伸至柱顶）$$

(2-24)

(2) 焊接连接加工尺寸（机械连接与其类似）　长筋

$$L=H_n-\max(H_n/6,h_c,500)+l_{aE}（且伸至柱顶）$$

(2-25)

短筋　　$$L=H_n-\max(H_n/6,h_c,500)-\max(500,35d)+l_{aE}（且伸至柱顶）$$

(2-26)

2.2.4 柱插筋计算

插筋外包尺寸 L_1=基础顶面内长 L_{1b}+基础顶面以上的长 L_{1a} (2-27)

其中 $L_{1b}=12d$（或设计值）为插筋"脚"长，保护层厚：有垫层时取 40mm；无垫层时取 70mm。

2.2.4.1 基础顶面内长

(1) 独立基础

$$L_{1b}=基础底板厚-保护层厚-基础底板中双向筋直径$$

(2-28)

(2) 桩基

$$L_{1b}=承台厚-100×桩头伸入承台长-承台中下部双向筋直径$$

(2-29)

此外，根据基础的厚度与基础的类型，L_{1b} 及 L_2 有相应组合，见表 2-2，其中竖直长度$\geqslant 20d$ 与弯钩长度为 35d 减竖直长度且$\geqslant 150mm$ 的情况，适用于柱、墙插筋在柱基础独立承台和承台梁中的锚固。

表 2-2　L_{1b}、L_2 的组合

序号	插筋锚固长度	
	L_{1b}	L_2
1	$\geqslant 0.5 l_{aE}$	$12d$ 且$\geqslant 150$mm
2	$\geqslant 0.6 l_{aE}$	$12d$ 且$\geqslant 150$mm
3	$\geqslant 0.7 l_{aE}$	$12d$ 且$\geqslant 150$mm
4	$\geqslant 0.8 l_{aE}$	$12d$ 且$\geqslant 150$mm
5	$\geqslant l_{aE}$（$35d$ 独立承台中用）	—
6	$\geqslant 20d$	$35d$ 减竖直长度且$\geqslant 150$mm

2.2.4.2　基础顶面以上的长度

根据框架柱纵向钢筋连接方式的不同，即构造要求不同，基础顶面以上的插筋长度是不一样的。

（1）纵向钢筋绑扎搭接　长插筋

$$l_{1aE} = H_n/3 + l_{lE} + 0.3 l_{lE} + l_{lE} = H_n/3 + 2.3 l_{lE} \tag{2-30}$$

短插筋
$$l_{1aE} = H_n/3 + l_{lE} \tag{2-31}$$

式中　H_n——第一层梁底至基础顶面的净高；

$H_n/3$——非搭接区。

长插筋采用绑扎连接时需注意钢筋的直径大小，否则直径大的可能进入楼面处的非搭接区，有这种情况时，应采用机械连接或者焊接连接。

（2）纵向钢筋焊接连接（机械连接与其类似）　长插筋

$$l_{1aE} = H_n/3 + \max(500, 35d) \tag{2-32}$$

短插筋
$$l_{1aE} = H_n/3 \tag{2-33}$$

因此，插筋的加工尺寸 L_1 的计算方法如下。

① 绑扎搭接。

a. 独立基础。长插筋

$$L_1 = 基础底板厚 - 保护层厚 - 基础底板中双向筋直径 + H_n/3 + 2.3 l_{lE} \tag{2-34}$$

短插筋　$L_1 = 基础底板厚 - 保护层厚 - 基础底板中双向筋直径 + H_n/3 + l_{lE} \tag{2-35}$

b. 桩基。长插筋

$$L_1 = 承台厚 - 100 \times 桩头伸入承台长 - 承台中下部双向筋直径 + H_n/3 + 2.3 l_{lE} \tag{2-36}$$

短插筋　$L_1 = 承台厚 - 100 \times 桩头伸入承台长 - 承台中下部双向筋直径 + H_n/3 + l_{lE} \tag{2-37}$

② 焊接连接。

a. 独立基础。长插筋

$$L_1 = 基础底板厚 - 保护层厚 - 基础底板中双向筋直径 + H_n/3 + \max(500, 35d) \tag{2-38}$$

短插筋　$L_1 = 基础底板厚 - 保护层厚 - 基础底板中双向筋直径 + H_n/3 \tag{2-39}$

b. 桩基。长插筋

$$L_1 = 承台厚 - 100 \times 桩头伸入承台长 - 承台中下部双向筋直径 + H_n/3 + \max(500, 35d)$$
$$\tag{2-40}$$

短插筋　$L_1 = 承台厚 - 100 \times 桩头伸入承台长 - 承台中下部双向筋直径 + H_n/3 \tag{2-41}$

2.2.5　底层及伸出二层楼面纵向钢筋计算

（1）绑扎搭接　柱纵筋

$$L_1(L)=2/3H_n+梁高\,h+\max(H_n/6,h_c,500)+l_{lE} \tag{2-42}$$

（2）焊接连接　柱纵筋

$$L_1(L)=2/3H_n+梁高\,h+\max(H_n/6,h_c,500) \tag{2-43}$$

2.2.6　中间层纵向钢筋计算

（1）绑扎搭接

① 中间层层高不变时：

$$L_1(L)=H_n+梁高\,h+l_{lE} \tag{2-44}$$

② 相邻中间层层高有变化时：

$$L_1(L)=H_{n下}-\max(H_{n下}/6,h_c,500)+梁高\,h+\max(H_{n上}/6,h_c,500)+l_{lE} \tag{2-45}$$

式中　$H_{n下}$——相邻两层下层的净高；

　　　$H_{n上}$——相邻两层上层的净高。

（2）焊接连接

① 中间层层高不变时：

$$L_1(L)=H_n+梁高\,h（即层高） \tag{2-46}$$

② 相邻中间层层高有变化时：

$$L_1(L)=H_{n下}-\max(H_{n下}/6,h_c,500)+梁高\,h+\max(H_{n上}/6,h_c,500) \tag{2-47}$$

2.3　框架梁钢筋翻样与下料方法

2.3.1　贯通筋下料

贯通筋的加工尺寸，分为三段，如图 2-10 所示。

图 2-10 中"$\geqslant 0.4l_{aE}$"，表示一、二、三、四级抗震等级钢筋进入柱中，水平方向的锚固长度值。"$15d$"，表示在柱中竖向的锚固长度值。

在标注贯通筋加工尺寸时，不要忘记它标注的是外皮尺寸。这时，在求下料长度时，需要减去由于有两个直角钩，而产生的外皮差值。

在框架结构的构件中，纵向受力钢筋的直角弯曲半径，单独有规定。常用的钢筋，有 HRB335 级和 HRB400 级钢筋；常用的混凝土，强度等级有 C30、C35 和大于 C40 的几种。另外，还要考虑结构的抗震等级等因素。

综合上述各种因素，为了计算方便，用表的形式，把计算公式列入其中。见表 2-3～表 2-8。

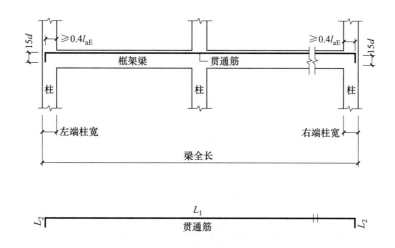

图 2-10 贯通筋的加工尺寸

L_1—外皮间尺寸；L_2—两端以外剩余的长度；d—钢筋直径；l_{aE}—受拉钢筋抗震锚固长度

表 2-3 HRB335 级钢筋 C30 混凝土框架梁贯通筋计算表   mm

抗震等级	l_{aE}	直径	L_1	L_2	下料长度
一级抗震	$33d$		梁全长－左端柱宽－右端柱宽＋$2\times13.2d$		
二级抗震	$33d$	$d\leqslant25$	梁全长－左端柱宽－右端柱宽＋$2\times13.2d$	$15d$	$L_1+2\times L_2-$
三级抗震	$30d$		梁全长－左端柱宽－右端柱宽＋$2\times12d$		$2\times$外皮差值
四级抗震	$29d$		梁全长－左端柱宽－右端柱宽＋$2\times11.6d$		

表 2-4 HRB335 级钢筋 C35 混凝土框架梁贯通筋计算表   mm

抗震等级	l_{aE}	直径	L_1	L_2	下料长度
一级抗震	$31d$		梁全长－左端柱宽－右端柱宽＋$2\times12.4d$		
二级抗震	$31d$	$d\leqslant25$	梁全长－左端柱宽－右端柱宽＋$2\times12.4d$	$15d$	$L_1+2\times L_2-$
三级抗震	$28d$		梁全长－左端柱宽－右端柱宽＋$2\times11.2d$		$2\times$外皮差值
四级抗震	$27d$		梁全长－左端柱宽－右端柱宽＋$2\times10.8d$		

表 2-5 HRB335 级钢筋≥C40 混凝土框架梁贯通筋计算表   mm

抗震等级	l_{aE}	直径	L_1	L_2	下料长度
一级抗震	$29d$		梁全长－左端柱宽－右端柱宽＋$2\times11.6d$		
二级抗震	$29d$	$d\leqslant25$	梁全长－左端柱宽－右端柱宽＋$2\times11.6d$	$15d$	$L_1+2\times L_2-$
三级抗震	$26d$		梁全长－左端柱宽－右端柱宽＋$2\times10.4d$		$2\times$外皮差值
四级抗震	$25d$		梁全长－左端柱宽－右端柱宽＋$2\times10d$		

表 2-6 HRB400 级钢筋 C30 混凝土框架梁贯通筋计算表   mm

抗震等级	l_{aE}	直径	L_1	L_2	下料长度
一级抗震	$40d$	$d\leqslant25$	梁全长－左端柱宽－右端柱宽＋$2\times16d$		
	$45d$	$d>25$	梁全长－左端柱宽－右端柱宽＋$2\times18d$		
二级抗震	$40d$	$d\leqslant25$	梁全长－左端柱宽－右端柱宽＋$2\times16d$		
	$45d$	$d>25$	梁全长－左端柱宽－右端柱宽＋$2\times18d$	$15d$	$L_1+2\times L_2-$
三级抗震	$37d$	$d\leqslant25$	梁全长－左端柱宽－右端柱宽＋$2\times14.8d$		$2\times$外皮差值
	$41d$	$d>25$	梁全长－左端柱宽－右端柱宽＋$2\times16.4d$		
四级抗震	$35d$	$d\leqslant25$	梁全长－左端柱宽－右端柱宽＋$2\times14d$		
	$39d$	$d>25$	梁全长－左端柱宽－右端柱宽＋$2\times15.6d$		

表 2-7　HRB400 级钢筋 C35 混凝土框架梁贯通筋计算表　　　　　mm

抗震等级	l_{aE}	直径	L_1	L_2	下料长度
一级抗震	$37d$	$d \leqslant 25$	梁全长－左端柱宽－右端柱宽＋$2 \times 14.8d$	$15d$	$L_1 + 2 \times L_2 - 2 \times$外皮差值
	$40d$	$d > 25$	梁全长－左端柱宽－右端柱宽＋$2 \times 16d$		
二级抗震	$37d$	$d \leqslant 25$	梁全长－左端柱宽－右端柱宽＋$2 \times 14.8d$		
	$40d$	$d > 25$	梁全长－左端柱宽－右端柱宽＋$2 \times 16d$		
三级抗震	$34d$	$d \leqslant 25$	梁全长－左端柱宽－右端柱宽＋$2 \times 13.6d$		
	$37d$	$d > 25$	梁全长－左端柱宽－右端柱宽＋$2 \times 14.8d$		
四级抗震	$32d$	$d \leqslant 25$	梁全长－左端柱宽－右端柱宽＋$2 \times 12.8d$		
	$35d$	$d > 25$	梁全长－左端柱宽－右端柱宽＋$2 \times 14d$		

表 2-8　HRB400 级钢筋 ≥C40 混凝土框架梁贯通筋计算表　　　　　mm

抗震等级	l_{aE}	直径	L_1	L_2	下料长度
一级抗震	$33d$	$d \leqslant 25$	梁全长－左端柱宽－右端柱宽＋$2 \times 13.2d$	$15d$	$L_1 + 2 \times L_2 - 2 \times$外皮差值
	$37d$	$d > 25$	梁全长－左端柱宽－右端柱宽＋$2 \times 14.8d$		
二级抗震	$33d$	$d \leqslant 25$	梁全长－左端柱宽－右端柱宽＋$2 \times 13.2d$		
	$37d$	$d > 25$	梁全长－左端柱宽－右端柱宽＋$2 \times 14.8d$		
三级抗震	$30d$	$d \leqslant 25$	梁全长－左端柱宽－右端柱宽＋$2 \times 12d$		
	$34d$	$d > 25$	梁全长－左端柱宽－右端柱宽＋$2 \times 13.6d$		
四级抗震	$29d$	$d \leqslant 25$	梁全长－左端柱宽－右端柱宽＋$2 \times 11.6d$		
	$32d$	$d > 25$	梁全长－左端柱宽－右端柱宽＋$2 \times 12.8d$		

2.3.2　边跨上部直角筋下料

2.3.2.1　边跨上部一排直角筋的下料尺寸计算

　　结合图 2-11 及图 2-12 可知，这是梁与边柱交接处，放置在梁的上部，承受负弯矩的直角形钢筋。钢筋的 L_1 部分，是由两部分组成：即三分之一边净跨长度，加上 $0.4 l_{aE}$。计算时参见表 2-9～表 2-14 进行。

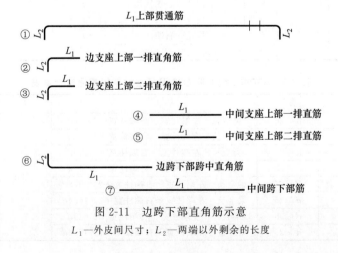

图 2-11　边跨下部直角筋示意

L_1—外皮间尺寸；L_2—两端以外剩余的长度

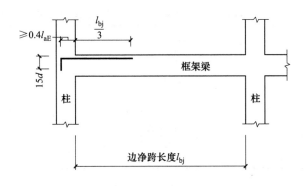

图 2-12　边跨上部直角筋示意

L_1—外皮间尺寸；L_2—两端以外剩余的长度；d—钢筋直径；

l_{aE}—受拉钢筋抗震锚固长度；l_{bj}—边净跨长度

表 2-9　HRB335 级钢筋 C30 混凝土框架梁边跨上部一排直角筋计算表   mm

抗震等级	l_{aE}	直径	L_1	L_2	下料长度
一级抗震	$33d$		边净跨长度$/3+13.2d$		
二级抗震	$33d$	$d \leqslant 25$	边净跨长度$/3+13.2d$	$15d$	L_1+L_2- 外皮差值
三级抗震	$30d$		边净跨长度$/3+12d$		
四级抗震	$29d$		边净跨长度$/3+11.6d$		

表 2-10　HRB335 级钢筋 C35 混凝土框架梁边跨上部一排直角筋计算表   mm

抗震等级	l_{aE}	直径	L_1	L_2	下料长度
一级抗震	$31d$		边净跨长度$/3+12.4d$		
二级抗震	$31d$	$d \leqslant 25$	边净跨长度$/3+12.4d$	$15d$	L_1+L_2- 外皮差值
三级抗震	$28d$		边净跨长度$/3+11.2d$		
四级抗震	$27d$		边净跨长度$/3+10.8d$		

表 2-11　HRB335 级钢筋 ≥C40 混凝土框架梁边跨上部一排直角筋计算表   mm

抗震等级	l_{aE}	直径	L_1	L_2	下料长度
一级抗震	$29d$		边净跨长度$/3+11.6d$		
二级抗震	$29d$	$d \leqslant 25$	边净跨长度$/3+11.6d$	$15d$	L_1+L_2- 外皮差值
三级抗震	$26d$		边净跨长度$/3+10.4d$		
四级抗震	$25d$		边净跨长度$/3+10d$		

表 2-12　HRB400 级钢筋 C30 混凝土框架梁边跨上部一排直角筋计算表   mm

抗震等级	l_{aE}	直径	L_1	L_2	下料长度
一级抗震	$40d$	$d \leqslant 25$	边净跨长度$/3+16d$		
	$45d$	$d > 25$	边净跨长度$/3+18d$		
二级抗震	$40d$	$d \leqslant 25$	边净跨长度$/3+16d$		
	$45d$	$d > 25$	边净跨长度$/3+18d$	$15d$	L_1+L_2- 外皮差值
三级抗震	$37d$	$d \leqslant 25$	边净跨长度$/3+14.8d$		
	$41d$	$d > 25$	边净跨长度$/3+16.4d$		
四级抗震	$35d$	$d \leqslant 25$	边净跨长度$/3+14d$		
	$39d$	$d > 25$	边净跨长度$/3+15.6d$		

表 2-13　HRB400 级钢筋 C35 混凝土框架梁边跨上部一排直角筋计算表　　mm

抗震等级	l_{aE}	直径	L_1	L_2	下料长度
一级抗震	$37d$	$d \leqslant 25$	边净跨长度$/3 + 14.8d$		
	$40d$	$d > 25$	边净跨长度$/3 + 16d$		
二级抗震	$37d$	$d \leqslant 25$	边净跨长度$/3 + 14.8d$		
	$40d$	$d > 25$	边净跨长度$/3 + 16d$	$15d$	$L_1 + L_2 -$ 外皮差值
三级抗震	$34d$	$d \leqslant 25$	边净跨长度$/3 + 13.6d$		
	$37d$	$d > 25$	边净跨长度$/3 + 14.8d$		
四级抗震	$32d$	$d \leqslant 25$	边净跨长度$/3 + 12.8d$		
	$35d$	$d > 25$	边净跨长度$/3 + 14d$		

表 2-14　HRB400 级钢筋 $\geqslant$C40 混凝土框架梁边跨上部一排直角筋计算表　　mm

抗震等级	l_{aE}	直径	L_1	L_2	下料长度
一级抗震	$33d$	$d \leqslant 25$	边净跨长度$/3 + 13.2d$		
	$37d$	$d > 25$	边净跨长度$/3 + 14.8d$		
二级抗震	$33d$	$d \leqslant 25$	边净跨长度$/3 + 13.2d$		
	$37d$	$d > 25$	边净跨长度$/3 + 14.8d$	$15d$	$L_1 + L_2 -$ 外皮差值
三级抗震	$30d$	$d \leqslant 25$	边净跨长度$/3 + 12d$		
	$34d$	$d > 25$	边净跨长度$/3 + 13.6d$		
四级抗震	$29d$	$d \leqslant 25$	边净跨长度$/3 + 11.6d$		
	$32d$	$d > 25$	边净跨长度$/3 + 12.8d$		

2.3.2.2　边跨上部二排直角筋的下料尺寸计算

边跨上部二排直角筋的下料尺寸和边跨上部一排直角筋的下料尺寸的计算方法，基本相同。仅差在 L_1 中前者是四分之一边净跨度，而后者是三分之一边净跨度。参见图 2-13。

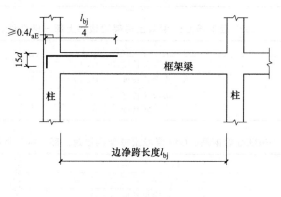

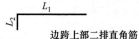

图 2-13　边跨上部二排直角筋示意

L_1—外皮间尺寸；L_2—两端以外剩余的长度；d—钢筋直径；

l_{aE}—受拉钢筋抗震锚固长度；l_{bj}—边净跨长度

计算方法与前面类似，这里计算步骤就省略了。

2.3.3　边跨下部跨中直角筋下料

如图 2-14 所示，L_1 是由三部分组成，即锚入边柱部分、锚入中柱部分、边净跨度部分。

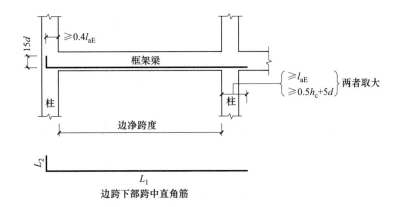

图 2-14 边跨下部跨中直角筋示意

L_1—外皮间尺寸；L_2—两端以外剩余的长度；d—钢筋直径；

l_{aE}—受拉钢筋抗震锚固长度；h_c—柱截面沿框架方向的高度

$$下料长度＝L_1＋L_2－外皮差值 \qquad (2\text{-}48)$$

具体计算见表 2-15～表 2-20。在表 2-15～表 2-20 的附注中，提及的 h_c，系指框架方向柱宽。

表 2-15 HRB335 级钢筋 C30 混凝土框架梁边跨下部跨中直角筋计算表   mm

抗震等级	l_{aE}	直径	L_1	L_2	下料长度
一级抗震	$33d$		$13.2d＋$边净跨度＋锚固值		
二级抗震	$33d$	$d≤25$	$13.2d＋$边净跨度＋锚固值	$15d$	$L_1＋L_2－$外皮差值
三级抗震	$30d$		$12d＋$边净跨度＋锚固值		
四级抗震	$29d$		$11.6d＋$边净跨度＋锚固值		

注：l_{aE} 与 $0.5h_c＋d$，两者取大，令其等于"锚固值"；外皮尺寸差值查表 1-5。

表 2-16 HRB335 级钢筋 C35 混凝土框架梁边跨下部跨中直角筋计算表   mm

抗震等级	l_{aE}	直径	L_1	L_2	下料长度
一级抗震	$31d$		$12.4d＋$边净跨度＋锚固值		
二级抗震	$31d$	$d≤25$	$12.4d＋$边净跨度＋锚固值	$15d$	$L_1＋L_2－$外皮差值
三级抗震	$28d$		$11.2d＋$边净跨度＋锚固值		
四级抗震	$27d$		$10.8d＋$边净跨度＋锚固值		

注：l_{aE} 与 $0.5h_c＋d$，两者取大，令其等于"锚固值"；外皮尺寸差值查表 1-5。

表 2-17 HRB335 级钢筋 ≥C40 混凝土框架梁边跨下部跨中直角筋计算表   mm

抗震等级	l_{aE}	直径	L_1	L_2	下料长度
一级抗震	$29d$		$11.6d＋$边净跨度＋锚固值		
二级抗震	$29d$	$d≤25$	$11.6d＋$边净跨度＋锚固值	$15d$	$L_1＋L_2－$外皮差值
三级抗震	$26d$		$10.4d＋$边净跨度＋锚固值		
四级抗震	$25d$		$10d＋$边净跨度＋锚固值		

注：l_{aE} 与 $0.5h_c＋d$，两者取大，令其等于"锚固值"；外皮尺寸差值查表 1-5。

表 2-18 HRB400 级钢筋 C30 混凝土框架梁边跨下部跨中直角筋计算表   mm

抗震等级	l_{aE}	直径	L_1	L_2	下料长度
一级抗震	$40d$	$d≤25$	$16d＋$边净跨度＋锚固值		
	$45d$	$d>25$	$18d＋$边净跨度＋锚固值		
二级抗震	$40d$	$d≤25$	$16d＋$边净跨度＋锚固值	$15d$	$L_1＋L_2－$外皮差值
	$45d$	$d>25$	$18d＋$边净跨度＋锚固值		
三级抗震	$37d$	$d≤25$	$14.8d＋$边净跨度＋锚固值		

续表

抗震等级	l_{aE}	直径	L_1	L_2	下料长度
三级抗震	$41d$	$d>25$	$16.4d+$边净跨度+锚固值	$15d$	L_1+L_2-外皮差值
四级抗震	$35d$	$d\leqslant25$	$14d+$边净跨度+锚固值		
	$39d$	$d>25$	$15.6d+$边净跨度+锚固值		

注：l_{aE} 与 $0.5h_c+5d$，两者取大，令其等于"锚固值"；外皮尺寸差值查表 1-5。

表 2-19 HRB400 级钢筋 C35 混凝土框架梁边跨下部跨中直角筋计算表　　　mm

抗震等级	l_{aE}	直径	L_1	L_2	下料长度
一级抗震	$37d$	$d\leqslant25$	$14.8d+$边净跨度+锚固值	$15d$	L_1+L_2-外皮差值
	$40d$	$d>25$	$16d+$边净跨度+锚固值		
二级抗震	$37d$	$d\leqslant25$	$14.8d+$边净跨度+锚固值		
	$40d$	$d>25$	$16d+$边净跨度+锚固值		
三级抗震	$34d$	$d\leqslant25$	$13.6d+$边净跨度+锚固值		
	$37d$	$d>25$	$14.8d+$边净跨度+锚固值		
四级抗震	$32d$	$d\leqslant25$	$12.8d+$边净跨度+锚固值		
	$35d$	$d>25$	$14d+$边净跨度+锚固值		

注：l_{aE} 与 $0.5h_c+5d$，两者取大，令其等于"锚固值"；外皮尺寸差值查表 1-5。

表 2-20 HRB400 级钢筋≥C40 混凝土框架梁边跨下部跨中直角筋计算表　　　mm

抗震等级	l_{aE}	直径	L_1	L_2	下料长度
一级抗震	$33d$	$d\leqslant25$	$13.2d+$边净跨度+锚固值	$15d$	L_1+L_2-外皮差值
	$37d$	$d>25$	$14.8d+$边净跨度+锚固值		
二级抗震	$33d$	$d\leqslant25$	$13.2d+$边净跨度+锚固值		
	$37d$	$d>25$	$14.8d+$边净跨度+锚固值		
三级抗震	$30d$	$d\leqslant25$	$12d+$边净跨度+锚固值		
	$34d$	$d>25$	$13.6d+$边净跨度+锚固值		
四级抗震	$29d$	$d\leqslant25$	$11.6d+$边净跨度+锚固值		
	$32d$	$d>25$	$12.8d+$边净跨度+锚固值		

注：l_{aE} 与 $0.5h_c+5d$，两者取大，令其等于"锚固值"；外皮尺寸差值查表 1-5。

2.3.4　中间支座上部直筋下料

2.3.4.1　中间支座上部一排直筋的下料尺寸计算

图 2-15 所示为中间支座上部一排直筋示意，此类直筋的下料尺寸只需取其左、右两净跨长度大者的 1/3 再乘以 2，而后加入中间柱宽即可。

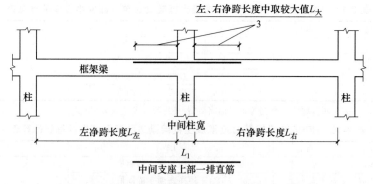

图 2-15　中间支座上部一排直筋示意

L_1—中间支座上部一排直筋长度；$L_左$、$L_右$—左、右净跨长度；

$L_大$—左、右净跨长度中取较大值

设：左净跨长度＝$L_左$；右净跨长度＝$L_右$；左、右净跨长度中取较大值＝$L_大$。则有

$$L_1 = 2 \times L_大/3 + 中间柱宽 \tag{2-49}$$

2.3.4.2 中间支座上部二排直筋的下料尺寸

如图 2-16 所示，中间支座上部二排直筋的下料尺寸计算与一排直筋基本相同，区别只是二排直筋取左、右两跨长度大的 1/4 进行计算。

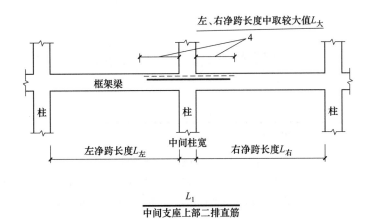

图 2-16 中间支座上部二排直筋示意

L_1—中间支座上部二排直筋长度；$L_左$、$L_右$—左、右净跨长度；

$L_大$—左、右净跨长度中取较大值

设：左净跨长度＝$L_左$；右净跨长度＝$L_右$；左、右净跨长度中取较大值＝$L_大$。则有

$$L_1 = 2 \times L_大/4 + 中间柱宽 \tag{2-50}$$

2.3.5 中间跨下部筋下料

由图 2-17 可知：L_1 是由三部分组成的，即锚入左柱部分、锚入右柱部分、中间净跨长度。

$$下料长度 L_1 = 中间净跨长度 + 锚入左柱部分 + 锚入右柱部分 \tag{2-51}$$

锚入左柱部分、锚入右柱部分经取较大值后，各称为"左锚固值""右锚固值"。注意，当左、右两柱的宽度不一样时，两个"锚固值"是不相等的。具体计算见表 2-21～表 2-26。

表 2-21 HRB335 级钢筋 C30 混凝土框架梁中间跨下部筋计算表　　　　mm

抗震等级	l_{aE}	直径	L_1	L_2	下料长度
一级抗震	$33d$				
二级抗震	$33d$	$d \leqslant 25$	左锚固值＋中间净跨长度＋右锚固值	$15d$	L_1
三级抗震	$30d$				
四级抗震	$29d$				

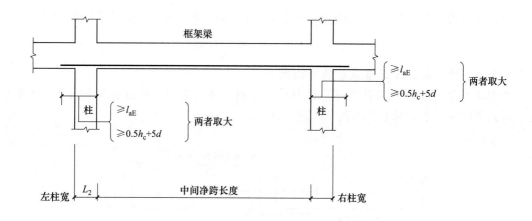

图 2-17 中间跨下部筋示意

L_1—中间跨下部筋长度；L_2—左柱宽；d—钢筋直径；

l_{aE}—受拉钢筋抗震锚固长度；h_c—柱截面沿框架方向的高度

表 2-22 HRB335 级钢筋 C35 混凝土框架梁中间跨下部筋计算表　　mm

抗震等级	l_{aE}	直径	L_1	L_2	下料长度
一级抗震	$31d$				
二级抗震	$31d$	$d \leqslant 25$	左锚固值＋中间净跨长度＋右锚固值	$15d$	L_1
三级抗震	$28d$				
四级抗震	$27d$				

表 2-23 HRB335 级钢筋 ≥C40 混凝土框架梁中间跨下部筋计算表　　mm

抗震等级	l_{aE}	直径	L_1	L_2	下料长度
一级抗震	$29d$				
二级抗震	$29d$	$d \leqslant 25$	左锚固值＋中间净跨长度＋右锚固值	$15d$	L_1
三级抗震	$26d$				
四级抗震	$25d$				

表 2-24 HRB400 级钢筋 C30 混凝土框架梁中间跨下部筋计算表　　mm

抗震等级	l_{aE}	直径	L_1	L_2	下料长度
一级抗震	$40d$	$d \leqslant 25$			
	$45d$	$d > 25$			
二级抗震	$40d$	$d \leqslant 25$			
	$45d$	$d > 25$	左锚固值＋中间净跨长度＋右锚固值	$15d$	L_1
三级抗震	$37d$	$d \leqslant 25$			
	$41d$	$d > 25$			
四级抗震	$35d$	$d \leqslant 25$			
	$39d$	$d > 25$			

表 2-25 HRB400 级钢筋 C35 混凝土框架梁中间跨下部筋计算表   mm

抗震等级	l_{aE}	直径	L_1	L_2	下料长度
一级抗震	37d	$d \leqslant 25$	左锚固值＋中间净跨长度＋右锚固值	15d	L_1
一级抗震	40d	$d > 25$			
二级抗震	37d	$d \leqslant 25$			
二级抗震	40d	$d > 25$			
三级抗震	34d	$d \leqslant 25$			
三级抗震	37d	$d > 25$			
四级抗震	32d	$d \leqslant 25$			
四级抗震	35d	$d > 25$			

表 2-26 HRB400 级钢筋 ≥C40 混凝土框架梁中间跨下部筋计算表   mm

抗震等级	l_{aE}	直径	L_1	L_2	下料长度
一级抗震	33d	$d \leqslant 25$	左锚固值＋中间净跨长度＋右锚固值	15d	L_1
一级抗震	37d	$d > 25$			
二级抗震	33d	$d \leqslant 25$			
二级抗震	37d	$d > 25$			
三级抗震	30d	$d \leqslant 25$			
三级抗震	34d	$d > 25$			
四级抗震	29d	$d \leqslant 25$			
四级抗震	32d	$d > 25$			

2.3.6 边跨和中跨搭接架立筋下料

2.3.6.1 边跨搭接架立筋的下料尺寸计算

图 2-18 所示为边跨搭接架立筋与边、右净跨长度的关系。

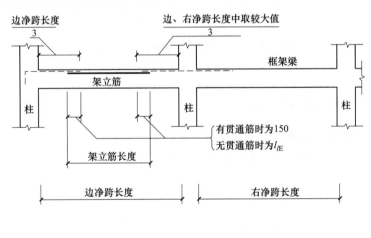

图 2-18 边跨搭接架立筋与边、右净跨长度的关系

L_1—边跨搭接架立筋长度；l_{lE}—纵向受拉钢筋抗震搭接长度

    计算时，首先需要知道和哪个筋搭接。边跨搭接架立筋是要和两根筋搭接：一端是和边跨上部一排直角筋的水平端搭接；另一端是和中间支座上部一排直筋搭接。搭接长度有规定，结构有贯通筋时为 150mm；无贯通筋时为 l_{lE}。考虑此架立筋是构造需要，建议 l_{lE} 按

1.$2l_{aE}$取值。

计算方法如下：

边净跨长度-(边净跨长度/3)-(边、右净跨长度中取较大值)/3+2×(搭接长度)

$$(2-52)$$

2.3.6.2　中跨搭接架立筋的下料尺寸计算

图 2-19 所示为中跨搭接架立筋与左、右净跨长度及中间跨净跨长度的关系。

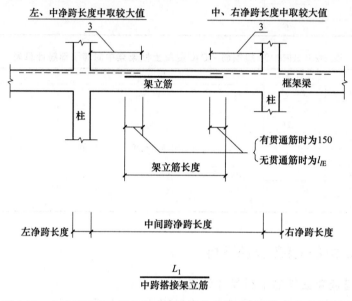

图 2-19　中跨搭接架立筋与左、右净跨长度及中间跨净跨长度的关系

L_1—中跨搭接架立筋长度；l_{lE}—纵向受拉钢筋抗震搭接长度

中间跨搭接架立筋的下料尺寸计算，与边跨搭接架立筋的下料尺寸计算基本相同，只是把边跨改成了中间跨而已。

2.3.7　框架梁中其余钢筋下料

2.3.7.1　框架柱纵筋向屋面梁中弯锚

（1）通长筋的加工尺寸、下料长度计算公式：

① 加工尺寸。

$$L_1=梁全长-2×柱筋保护层厚 \tag{2-53}$$

$$L_2=梁高\,h-梁筋保护层厚 \tag{2-54}$$

② 下料长度。

$$L=L_1+2L_2-90°量度差值 \tag{2-55}$$

（2）边跨上部直角筋的加工尺寸、下料长度计算公式：

① 第一排。

a. 加工尺寸。

$$L_1=L_{n边}/3+h_c-柱筋保护层厚 \tag{2-56}$$

$$L_2=梁高\,h-梁筋保护层厚 \tag{2-57}$$

b. 下料长度。

$$L=L_1+L_2-90°量度差值 \tag{2-58}$$

② 第二排。

a. 加工尺寸。

$$L_1=L_{n边}/4+h_c-柱筋保护层厚+30d \tag{2-59}$$

$$L_2=梁高\ h-梁筋保护层厚+30d \tag{2-60}$$

b. 下料长度。

$$L=L_1+L_2-90°量度差值 \tag{2-61}$$

2.3.7.2　屋面梁上部纵筋向框架柱中弯锚

(1) 通长筋的加工尺寸、下料长度计算公式：

① 加工尺寸。

$$L_1=梁全长-2×柱筋保护层厚 \tag{2-62}$$

$$L_2=1.7l_{aE} \tag{2-63}$$

当梁上部纵筋配筋率 $\rho>1.2\%$ 时（第二批截断）：

$$L_2=1.7l_{aE}+20d \tag{2-64}$$

② 下料长度。

$$L=L_1+2L_2-90°量度差值 \tag{2-65}$$

(2) 边跨上部直角筋的加工尺寸、下料长度计算公式：

① 第一排。

a. 加工尺寸。

$$L_1=L_{n边}/3+h_c-柱筋保护层厚 \tag{2-66}$$

$$L_2=1.7l_{aE} \tag{2-67}$$

当梁上部纵筋配筋率 $\rho>1.2\%$ 时（第二批截断）：

$$L_2=1.7l_{aE}+20d \tag{2-68}$$

b. 下料长度。

$$L=L_1+L_2-90°量度差值 \tag{2-69}$$

② 第二排。

a. 加工尺寸。

$$L_1=L_{n边}/4+h_c-柱筋保护层厚 \tag{2-70}$$

$$L_2=1.7l_{aE} \tag{2-71}$$

b. 下料长度。

$$L=L_1+L_2-90°量度差值 \tag{2-72}$$

2.3.7.3　腰筋

加工尺寸、下料长度计算公式：

$$L_1(L)=L_n+2×15d \tag{2-73}$$

2.3.7.4　吊筋

加工尺寸见图 2-20。

$$L_1=20d \tag{2-74}$$

$$L_2=(梁高\ h-2×梁筋保护层厚)/\sin\alpha \tag{2-75}$$

$$L_3=100+b \tag{2-76}$$

下料长度计算公式为

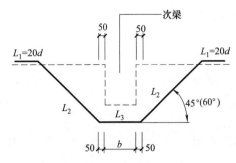

图 2-20 吊筋加工尺寸

L_1、L_2、L_3—吊筋加工尺寸；

d—吊筋直径；b—次梁宽

$$L = L_1 + L_2 + L_3 - 4 \times 45°(60°) 量度差值$$
$$(2-77)$$

2.3.7.5 拉筋

在平法中拉筋的弯钩往往是弯成 $135°$，但在施工时，拉筋一端做成 $135°$ 的弯钩，而另一端先预制成 $90°$，绑扎后再将 $90°$ 弯成 $135°$，如图 2-21 所示。

（1）加工尺寸

$$L_1 = 梁宽 b - 2 \times 柱筋保护层厚 \quad (2-78)$$

L_2、L_2' 可由表 2-27 查得。

图 2-21 施工时拉筋端部弯钩角度

L_1、L_2、L_2'—拉筋加工尺寸

表 2-27 拉筋端钩由 $135°$ 预制成 $90°$ 时 L_2 改注成 L_2' 的数据

d/mm	平直段长/mm	L_2/mm	L_2'/mm
6	75	96	110
6.5	75	98	113
8	$10d$	109	127
10	$10d$	136	159
12	$10d$	163	190

注：L_2 为 $135°$ 弯钩增加值。

（2）下料长度

$$L = L_1 + 2L_2 \quad (2-79)$$
或
$$L = L_1 + L_2 + L_2' - 90° 量度差值 \quad (2-80)$$

2.3.7.6 箍筋

平法中箍筋的弯钩均为 $135°$，平直段长 $10d$ 或 $75mm$，取其大值。

如图 2-22 所示，L_1、L_2、L_3、L_4 为加工尺寸且为内包尺寸。

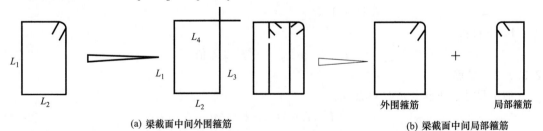

(a) 梁截面中间外围箍筋　　　　　(b) 梁截面中间局部箍筋

图 2-22 箍筋示意

（1）梁截面中间外围箍筋

① 加工尺寸。

$$L_1 = 梁高 h - 2 \times 梁筋保护层厚 \quad (2-81)$$
$$L_2 = 梁宽 b - 2 \times 梁筋保护层厚 \quad (2-82)$$

L_3 比 L_1 增加一个值，L_4 比 L_2 增加一个值，增加值是一样的，这个值可以从表 2-28 中查得。

表 2-28　当箍筋弯心内直径 $R=2.5d$ 时，L_3 比 L_1 和 L_4 比 L_2 各自增加值

d/mm	平直段长/mm	增加值/mm
6	75	102
6.5	75	105
8	10d	117
10	10d	146
12	10d	175

② 下料长度。

$$L=L_1+L_2+L_3+L_4-3\times 90°量度差值 \tag{2-83}$$

（2）梁截面中间局部箍筋　局部箍筋中对应的 L_2 长度是中间受力筋外皮间的距离，其他算法同外围箍筋，见图 2-22 （b）。

【例 2-1】　已知抗震等级为一级的某框架楼层连续梁，选用 HRB400 级钢筋，直径为 25mm，混凝土强度等级为 C35，梁全长 30m，两端柱宽度均为 500mm，试求各钢筋的加工尺寸（即简图及其外皮尺寸）和下料尺寸。

【解】　$L_1=$ 梁全长－左端柱宽度－右端柱宽度＋$2\times 14.8d$
　　　　　$=30000-500-500+2\times 14.8\times 25=29740$ （mm）

$L_2=15d=15\times 25=375$ （mm）

下料长度$=L_1+2L_2-2\times$外皮差值$=29740+2\times 375-2\times 2.931d\approx 30343$ （mm）

【例 2-2】　已知抗震等级为三级的框架楼层连续梁，选用 HRB335 级钢筋，直径 $d=24$mm，混凝土强度等级为 C30，边净长度为 5m，左柱宽 450mm，右柱宽 550mm，试求此框架楼层连续梁的加工尺寸（即简图及其外皮尺寸）和下料尺寸。

【解】　$l_{aE}=30d=30\times 24=720$ （mm）

左锚固值：

　　　　$0.5h_c+5d=0.5\times 450+5\times 24=225+120=345$ （mm）<720 （mm）

因此，左锚固值$=720$ （mm）。

右锚固值：

　　　　$0.5h_c+5d=0.5\times 550+5\times 24=275+120=395$ （mm）<720 （mm）

因此，右锚固值$=720$ （mm）。

$$L_1=720+5000+720=6440 （mm）$$

【例 2-3】　求加工尺寸（即简图及其外皮尺寸）和下料长度尺寸。已知抗震等级为二级的框架楼层连续梁，选用 HRB400 级钢筋，直径 $d=28$mm，C35 混凝土，边净跨长度为 9m。

【解】　$L_1=$ 边净跨长度$/3+16d=9000/3+16\times 28=3448$ （mm）
　　　　　$L_2=15d=15\times 28=420$ （mm）

下料长度$=L_1+L_2-$外皮差值$=3448+420-2.931d$
　　　　　　　$=3448+420-2.931\times 28\approx 3786$ （mm）

【例 2-4】　已知框架楼层连续梁，直径 $d=24$mm，左净跨长度为 6m，右净跨长度为 5.4m，柱宽为 500mm。

求钢筋下料长度。

【解】 下料长度＝2×6000/3＋500＝4500（mm）

2.3.8　框架梁钢筋计算

2.3.8.1　框架梁上下通长筋计算

（1）两端端支座均为直锚，见图 2-23。

上、下部通长筋长度＝通跨净长 l_n＋左 $\max(l_{aE}, 0.5h_c+5d)$＋右 $\max(l_{aE}, 0.5h_c+5d)$

$$(2\text{-}84)$$

（2）两端端支座均为弯锚，见图 2-24。

上、下部通长筋长度＝梁长－2×保护层厚度＋左 $15d$＋右 $15d$ （2-85）

（3）端支座一端直锚一端弯锚，见图 2-25。

上、下部通长筋长度＝通跨净长 l_n＋左 $\max(l_{aE}, 0.5h_c+5d)$＋右 h_c－保护层厚度＋$15d$

$$(2\text{-}86)$$

2.3.8.2　框架梁下部非通长筋计算

（1）两端端支座均为直锚

边跨下部非通长筋长度＝净长 l_{n1}＋左 $\max(l_{aE}, 0.5h_c+5d)$＋右 $\max(l_{aE}, 0.5h_c+5d)$

$$(2\text{-}87)$$

中间跨下部非通长筋长度＝净长 l_{n2}＋左 $\max(l_{aE}, 0.5h_c+5d)$＋右 $\max(l_{aE}, 0.5h_c+5d)$

$$(2\text{-}88)$$

（2）两端端支座均为弯锚

边跨下部非通长筋长度＝净长 l_{n1}＋左 h_c－保护层厚度＋右 $\max(l_{aE}, 0.5h_c+5d)$

$$(2\text{-}89)$$

中间跨下部非通长筋长度＝净长 l_{n2}＋左 $\max(l_{aE}, 0.5h_c+5d)$＋右 $\max(l_{aE}, 0.5h_c+5d)$

$$(2\text{-}90)$$

2.3.8.3　框架梁下部纵筋不伸入支座计算

当梁（不包括框支梁）下部纵筋不全部伸入支座时，不伸入支座的梁下部纵筋截断点距支座边的距离，统一取为 $0.1l_{ni}$（l_{ni} 为本跨梁的净跨值），如图 2-26 所示。

框架梁下部纵筋不伸入支座长度＝净跨长 l_n－0.1×2 净跨长 l_n＝0.8 净跨长 l_n

$$(2\text{-}91)$$

2.3.8.4　框架梁端支座负筋计算

（1）当端支座截面满足直线锚固长度时

$$\text{端支座第一排负筋长度}＝\frac{\text{净长}\ l_{n1}}{3}＋\text{左}\ \max[l_{aE}, (0.5h_c+5d)] \tag{2-92}$$

$$\text{端支座第二排负筋长度}＝\frac{\text{净长}\ l_{n1}}{4}＋\text{左}\ \max[l_{aE}, (0.5h_c+5d)] \tag{2-93}$$

（2）当端支座截面不能满足直线锚固长度时

$$\text{端支座第一排负筋长度}＝\frac{\text{净长}\ l_{n1}}{3}＋\text{左}\ h_c－\text{保护层厚度}＋15d \tag{2-94}$$

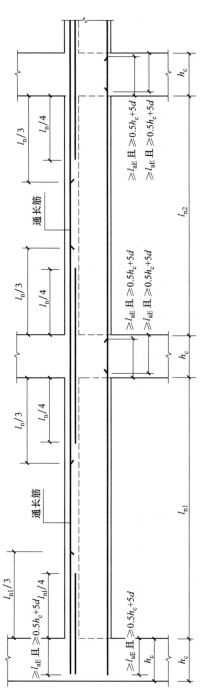

图 2-23 纵筋在端支座直锚构造

l_n——支座两边的净跨长度 l_{n1} 和 l_{n2} 的最大值；l_{n1}、l_{n2}——边跨的净跨长度；

l_{aE}——受拉钢筋抗震锚固长度；h_c——柱截面沿框架方向的高度；d——钢筋直径

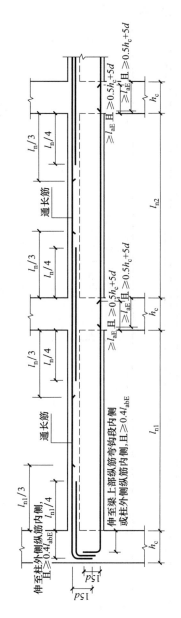

图 2-24 纵筋在端支座弯锚构造

l_n——支座两边的净跨长度 l_{n1} 和 l_{n2} 的最大值；l_{n1}、l_{n2}——边跨的净跨长度；l_{aE}——受拉钢筋抗震锚固长度；

d——钢筋直径；h_c——柱截面沿框架方向的高度；l_{abE}——抗震设计时受拉钢筋基本锚固长度

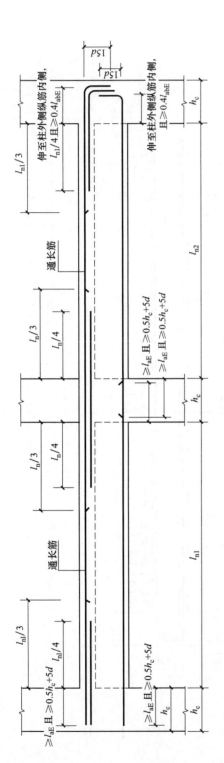

图 2-25 纵筋在端支座直锚和弯锚构造

l_n—支座两边的净跨长度 l_{n1} 和 l_{n2} 的最大值；l_{n1}、l_{n2}—边跨的净跨长度；l_{aE}—受拉钢筋抗震锚固长度；

h_c—柱截面沿框架方向的高度；d—钢筋直径；l_{abE}—抗震设计时受拉钢筋基本锚固长度

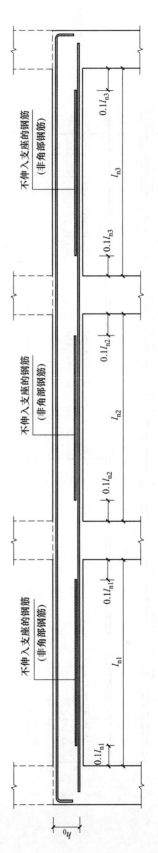

图 2-26 不伸入支座的梁下部纵向钢筋截断点位置

l_{n1}、l_{n2}、l_{n3}—边跨的净跨长度；h_0—梁截面有效高度

$$端支座第二排负筋长度 = \frac{净长\ l_{n1}}{4} + 左\ h_c - 保护层厚度 + 15d \tag{2-95}$$

2.3.8.5　框架梁中间支座负筋计算

$$中间支座第一排负筋长度 = 2 \times \max\left(\frac{l_{n1}}{3}, \frac{l_{n2}}{3}\right) + h_c \tag{2-96}$$

$$中间支座第二排负筋长度 = 2 \times \max\left(\frac{l_{n1}}{4}, \frac{l_{n2}}{4}\right) + h_c \tag{2-97}$$

2.3.8.6　框架梁箍筋计算

框架梁（KL、WKL）箍筋、拉筋排布构造要求，如图 2-27 所示。

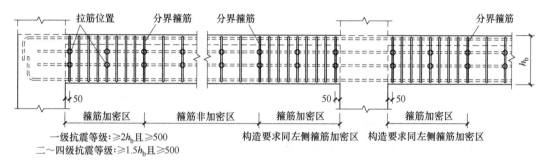

(a) 构造(一)

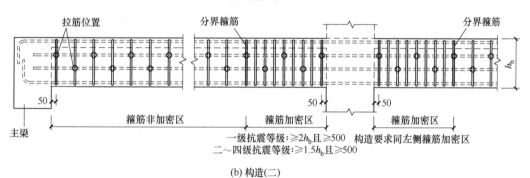

(b) 构造(二)

图 2-27　框架梁箍筋、拉筋排布构造

h_b—梁截面高度

一级抗震：

$$箍筋加密区长度\ l_1 = \max(2.0h_b, 500) \tag{2-98}$$

$$箍筋根数 = 2 \times [(l_1 - 50)/加密区间距 + 1] + (l_n - l_1)/非加密区间距 - 1 \tag{2-99}$$

二～四级抗震：

$$箍筋加密区长度\ l_2 = \max(1.5h_b, 500) \tag{2-100}$$

$$箍筋根数 = 2 \times [(l_2 - 50)/加密区间距 + 1] + (l_n - l_2)/非加密区间距 - 1 \tag{2-101}$$

$$箍筋预算长度 = (b + h) \times 2 - 8c + 2 \times 1.9d + \max(10d, 75) \times 2 + 8d \tag{2-102}$$

$$箍筋下料长度 = (b + h) \times 2 - 8c + 2 \times 1.9d + \max(10d, 75) \times 2 + 8d - 3 \times 1.75d \tag{2-103}$$

$$内箍预算长度 = \{[(b - 2c - D)/n - 1] \times j + D\} \times 2 + 2 \times (h - c) + 2 \times 1.9d +$$
$$\max(10d, 75) \times 2 + 8d \tag{2-104}$$

$$内箍下料长度=\{[(b-2c-D)/n-1]\times j+D\}\times 2+2\times(h-c)+2\times 1.9d+$$
$$\max(10d,75)\times 2+8d-3\times 1.75d \tag{2-105}$$

式中　b——梁宽度；

　　　h——梁高度；

　　　c——混凝土保护层厚度；

　　　d——箍筋直径；

　　　n——纵筋根数；

　　　D——纵筋直径；

　　　j——梁内箍包含的主筋孔数，$j=$内

　　　　　箍内梁纵筋数量-1。

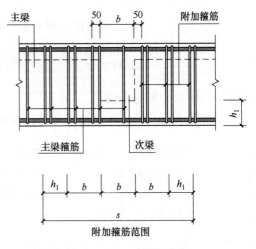

图 2-28　附加箍筋排布构造

h_1—主次梁高差；b—次梁宽；s—附加箍筋范围

2.3.8.7　框架梁附加箍筋计算

框架梁附加箍筋排布构造如图 2-28 所示。

附加箍筋间距 $8d$（为箍筋直径）且不大于梁正常箍筋间距。

附加箍筋根数如果设计注明则按设计，设计只注明间距而未注写具体数量按平法构造。

$$附加箍筋根数=2\times[(主梁高-次梁高+次梁宽-50)/附加箍筋间距+1] \tag{2-106}$$

2.3.8.8　框架梁附加吊筋计算

框架梁附加吊筋排布构造如图 2-29 所示。

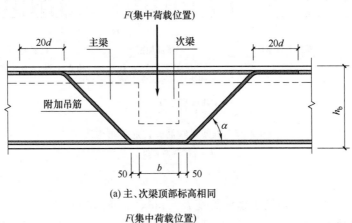

(a) 主、次梁顶部标高相同

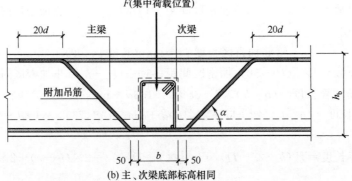

(b) 主、次梁底部标高相同

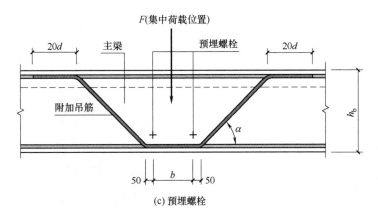

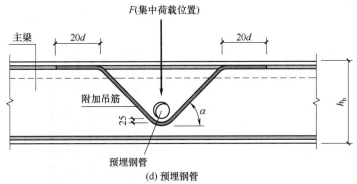

图 2-29　框架梁附加吊筋排布构造

b—次梁宽；h_b—框架梁的截面高度；α—板底高差坡度（$h_b \leqslant 800\text{mm}$ 时，$\alpha = 45°$；$h_b > 800\text{mm}$ 时，$\alpha = 60°$）；

d—吊筋直径；F—集中荷载

$$\text{附加吊筋长度} = \text{次梁宽} + 2 \times 50 + 2 \times (\text{主梁高} - \text{保护层厚度}) / \sin 45°(60°) + 2 \times 20d$$

$$(2\text{-}107)$$

2.3.9　非框架梁钢筋计算

非框架梁（L、Lg）纵向钢筋连接，见图 2-30。

$$\text{非框架梁上部纵筋长度} = \text{通跨净长 } l_n + \text{左支座宽} + \text{右支座宽} - 2 \times \text{保护层厚度} + 2 \times 15d$$

$$(2\text{-}108)$$

（1）非框架梁为弧形梁时　当非框架梁为直锚时：

$$\text{下部通长筋长度} = \text{通跨净长 } l_n + 2 \times l_a \qquad (2\text{-}109)$$

当非框架梁不为直锚时：

$$\text{下部通长筋长度} = \text{通跨净长 } l_n + \text{左支座宽} + \text{右支座宽} - 2 \times \text{保护层厚度} + 2 \times 15d$$

$$(2\text{-}110)$$

$$\text{非框架梁端支座负筋长度} = l_n/3 + \text{支座宽} - \text{保护层厚度} + 15d \qquad (2\text{-}111)$$

$$\text{非框架梁中间支座负筋长度} = \max(l_n/3, 2l_n/3) + \text{支座宽} \qquad (2\text{-}112)$$

（2）非框架梁为直梁时

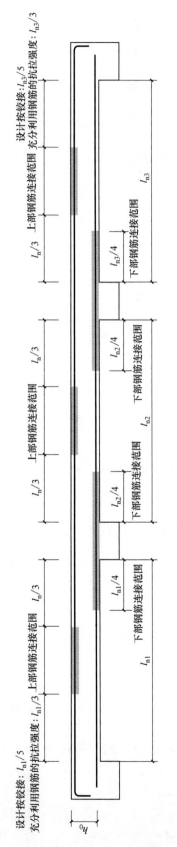

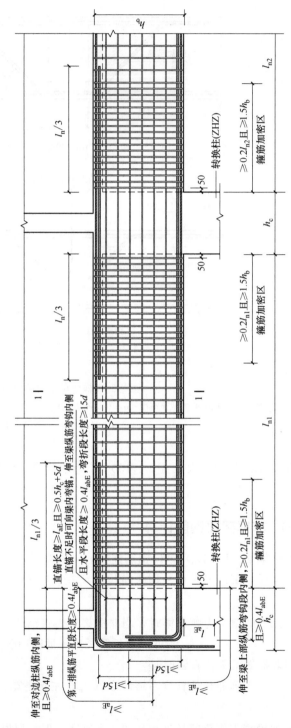

图 2-30 非框架梁（L、Lg）纵向钢筋连接示意

l_n—支座处左跨 l_{ni} 和右跨 l_{ni+1} 的较大值；l_{n1}、l_{n2}、l_{n3}—边跨的净跨长度；h_0—梁截面有效高度

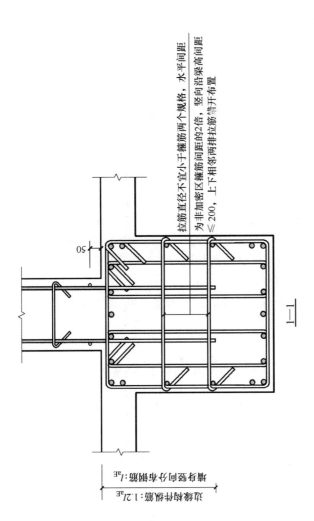

图 2-31　框支梁钢筋排布构造 [也可用于托柱转换梁（TZL）]

l_n—相邻两跨的较大跨度值；l_{n1}、l_{n2}—边跨的净跨长度；l_{abE}—抗震设计时受拉钢筋基本锚固长度；
d—钢筋直径；l_{aE}—受拉钢筋抗震锚固长度；h_b—梁截面高度；h_c—柱截面沿框架方向的高度

$$\text{下部通长筋长度} = \text{通跨净长} \, l_n + 2 \times 12d \qquad (2\text{-}113)$$

当梁下部纵筋为光圆钢筋时：

$$\text{下部通长筋长度} = \text{通跨净长} \, l_n + 2 \times 15d \qquad (2\text{-}114)$$

$$\text{非框架梁端支座负筋长度} = l_n/5 + \text{支座宽} - \text{保护层厚度} + 15d \qquad (2\text{-}115)$$

当端支座为柱、剪力墙、框支梁或深梁时：

$$\text{非框架梁端支座负筋长度} = l_n/3 + \text{支座宽} - \text{保护层厚度} + 15d \qquad (2\text{-}116)$$

$$\text{非框架梁中间支座负筋长度} = \max(l_n/3, 2l_n/3) + \text{支座宽} \qquad (2\text{-}117)$$

2.3.10 框支梁钢筋计算

框支梁（KZL）钢筋排布构造如图2-31所示。

$$\text{框支梁上部纵筋长度} = \text{梁总长} - 2 \times \text{保护层厚度} + 2 \times \text{梁高} \, h + 2 \times l_{aE} \qquad (2\text{-}118)$$

当框支梁下部纵筋为直锚时：

$$\text{框支梁下部纵筋长度} = \text{梁跨净长} \, l_n + \text{左} \max(l_{aE}, 0.5h_c + 5d) + \text{右} \max(l_{aE}, 0.5h_c + 5d)$$

$$(2\text{-}119)$$

当框支梁下部纵筋不为直锚时：

$$\text{框支梁下部纵筋长度} = \text{梁总长} - 2 \times \text{保护层厚度} + 2 \times 15d \qquad (2\text{-}120)$$

$$\text{框支梁箍筋数量} = 2 \times [\max(0.2l_{n1}, 1.5h_b)/\text{加密区间距} + 1] +$$
$$(l_n - \text{加密区长度})/\text{非加密区间距} - 1 \qquad (2\text{-}121)$$

框支梁侧面纵筋同框支梁下部纵筋。

$$\text{框支梁支座负筋} = \max(l_{n1}/3, l_{n2}/3) + \text{支座宽（第二排同第一排）} \qquad (2\text{-}122)$$

2.3.11 悬挑梁钢筋计算

（1）悬挑梁上部通长筋计算　悬挑梁钢筋通常按如下方式进行排布，如图2-32所示。

$$\text{悬挑梁上部通长筋长度} = \text{净跨长} + \text{左支座锚固长度} + 12d - \text{保护层厚度} \qquad (2\text{-}123)$$

（2）悬挑梁下部通长筋计算

$$\text{悬挑梁下部通长筋长度} = \text{净跨长} + \text{左支座锚固长度} \qquad (2\text{-}124)$$

（3）端支座负筋计算

$$\text{端支座负筋长度（第一排）} = \frac{\text{净跨长}}{3} + \text{支座锚固长度} \qquad (2\text{-}125)$$

$$\text{端支座负筋长度（第二排）} = \frac{\text{净跨长}}{4} + \text{支座锚固长度} \qquad (2\text{-}126)$$

（4）悬挑跨跨中钢筋计算

$$\text{悬挑跨跨中钢筋长度} = \frac{\text{第一跨净跨长}}{3} + \text{支座宽} + \text{悬挑净跨长} + 12d - \text{保护层厚度}$$

$$(2\text{-}127)$$

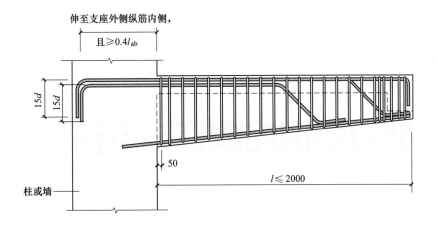

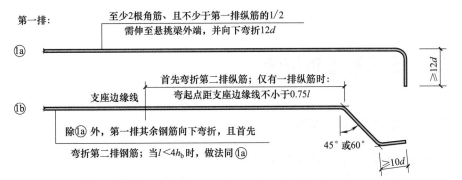

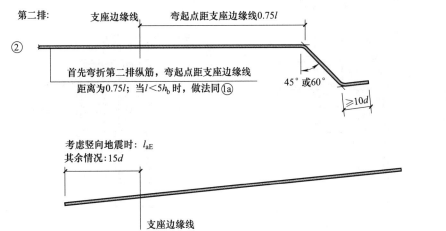

图 2-32 悬挑梁钢筋排布构造

d—钢筋直径；l_{ab}—受拉钢筋基本锚固长度；l—挑出长度；h_b—框架梁的截面高度；

l_{aE}—受拉钢筋抗震锚固长度

剪力墙钢筋翻样与下料

3.1 剪力墙钢筋排布构造

3.1.1 剪力墙身水平钢筋构造

3.1.1.1 水平分布筋在端柱锚固构造

剪力墙设有端柱时，水平分布筋在端柱锚固的构造要求如图 3-1 所示。

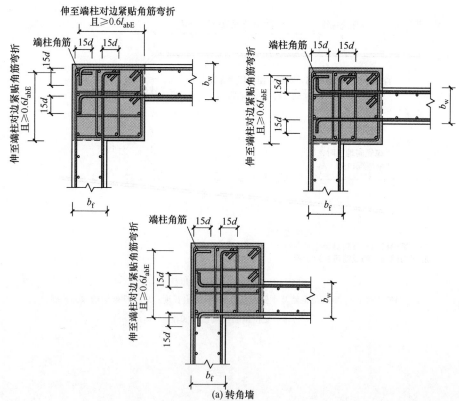

(a) 转角墙

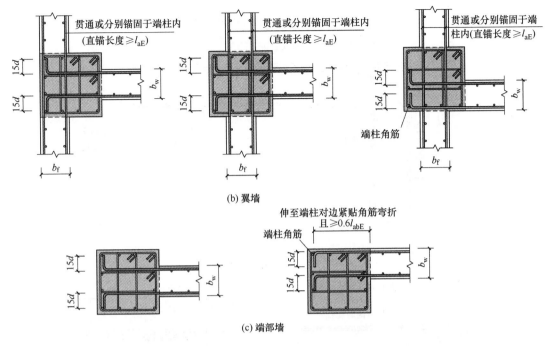

图 3-1　设置端柱时剪力墙水平分布钢筋锚固构造

l_{abE}—抗震设计时受拉钢筋基本锚固长度；d—钢筋直径；

l_{aE}—受拉钢筋抗震锚固长度；b_w—墙肢截面厚度；b_f—墙翼截面厚度

（1）端柱位于转角部位时，位于端柱宽出墙身一侧的剪力墙水平分布筋伸入端柱水平长度 $\geqslant 0.6 l_{abE}$，弯折长度 $15d$；当直锚深度 $\geqslant l_{aE}$ 时，可不设弯钩。位于端柱与墙身相平一侧的剪力墙水平分布筋绕过端柱阳角，与另一片墙段水平分布筋连接；也可不绕过端柱阳角，而直接伸至端柱角筋内侧向内弯折 $15d$。

（2）非转角部位端柱，剪力墙水平分布筋伸入端柱弯折长度 $15d$；当直锚深度 $\geqslant l_{aE}$ 时，可不设弯钩。

（3）剪力墙钢筋配置多于两排时，中间排水平分布筋端柱处构造与位于端柱内部的水平分布筋相同。

（4）当剪力墙水平分布筋向端柱外侧弯折所需尺寸不够时，也可向柱中心方向弯折。

3.1.1.2　水平分布筋在转角墙锚固构造

剪力墙水平分布钢筋在转角墙锚固构造要求如图 3-2 所示。

（1）图 3-2（a）：外侧上、下相邻两排水平钢筋在转角一侧交错搭接连接，搭接长度 $\geqslant 1.2 l_{aE}$，搭接范围错开间距 500mm；墙外侧水平分布筋连续通过转角，在转角墙核心部位以外与另一片剪力墙的外侧水平分布筋连接，墙内侧水平分布筋伸至转角墙核心部位的外侧钢筋内侧，水平弯折 $15d$。

（2）图 3-2（b）：外侧上、下相邻两排水平钢筋在转角两侧交错搭接连接，搭接长度 $\geqslant 1.2 l_{aE}$；墙外侧水平分布筋连续通过转角，在转角墙核心部位以外与另一片剪力墙的外侧水平分布筋连接，墙内侧水平分布筋伸至转角墙核心部位的外侧钢筋内侧，水平弯折 $15d$。

（3）图 3-2（c）：墙外侧水平钢筋在转角处搭接，搭接长度为 $0.8 l_{aE}$，墙内侧水平分布筋伸至转角墙核心部位的外侧钢筋内侧，水平弯折 $15d$。

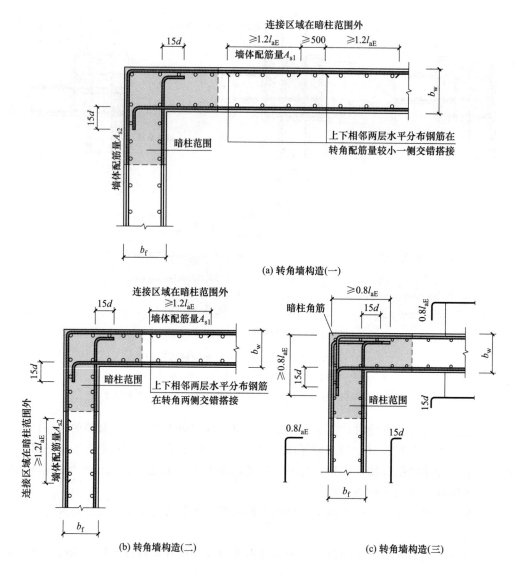

图 3-2 设置转角墙时剪力墙水平分布钢筋锚固构造

d—钢筋直径；l_{aE}—受拉钢筋抗震锚固长度；b_w—墙肢截面厚度；

b_f—墙翼截面厚度；A_{s1}、A_{s2}—墙体配筋量

3.1.1.3 水平分布筋在翼墙锚固构造

剪力墙水平分布钢筋在翼墙的锚固构造要求如图 3-3 所示。

翼墙两翼的墙身水平分布筋连续通过翼墙；翼墙肢部墙身水平分布筋伸至翼墙核心部位的外侧钢筋内侧，水平弯折 $15d$。

3.1.1.4 水平分布筋在端部无暗柱封边构造

剪力墙水平分布钢筋在端部无暗柱封边构造要求如图 3-4 所示。

剪力墙身水平分布筋在端部无暗柱时，可采用在端部设置 U 形水平筋（目的是箍住边缘竖向加强筋），墙身水平分布筋与 U 形水平筋搭接；也可将墙身水平分布筋伸至端部弯折 $10d$。

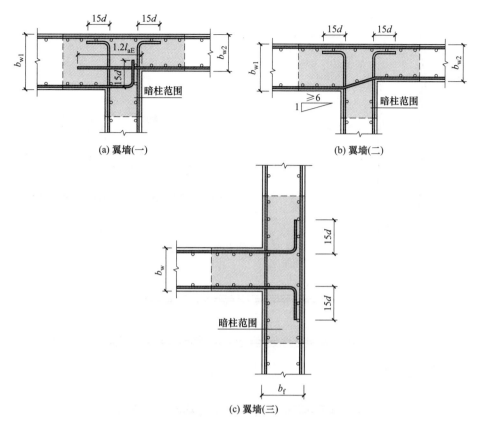

图 3-3　设置翼墙时剪力墙水平分布钢筋锚固构造

d—钢筋直径；b_{w}、b_{w1}、b_{w2}—墙肢截面厚度；b_{f}—墙翼截面厚度；l_{aE}—受拉钢筋抗震锚固长度

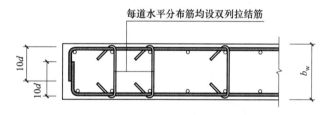

图 3-4　无暗柱时剪力墙水平分布钢筋封边构造

d—钢筋直径；b_{w}—墙肢截面厚度

3.1.1.5　水平分布筋在端部有暗柱封边构造

剪力墙水平分布钢筋在端部有暗柱封边构造要求如图 3-5 所示。

3.1.1.6　水平分布筋交错连接构造

剪力墙身水平分布筋交错连接时，上下相邻的墙身水平分布钢筋交错搭接连接，搭接长度 $\geqslant 1.2 l_{aE}$，搭接范围交错 $\geqslant 500 \mathrm{mm}$，如图 3-6 所示。

3.1.1.7　水平分布筋斜交墙构造

剪力墙斜交部位应设置暗柱，如图 3-7 所示。斜交墙外侧水平分布筋连续通过阳角，内侧水平分布筋在墙内弯折锚固长度为 $15d$。

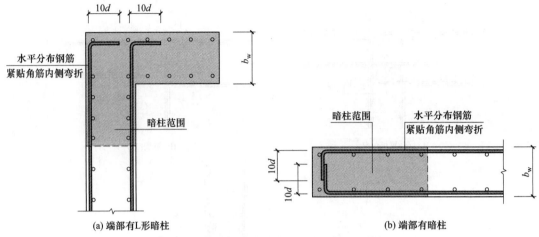

(a) 端部有L形暗柱　　(b) 端部有暗柱

图 3-5　有暗柱时剪力墙水平分布钢筋封边构造

d—钢筋直径；b_w—墙肢截面厚度

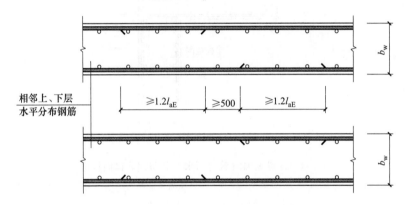

图 3-6　剪力墙身水平分布钢筋交错搭接

l_{aE}—受拉钢筋抗震锚固长度；b_w—墙肢截面厚度

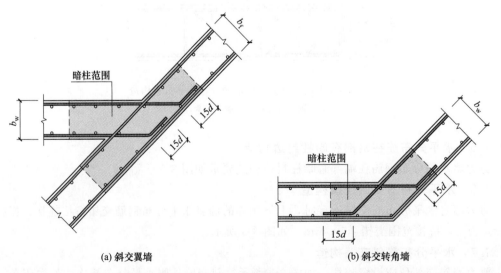

(a) 斜交翼墙　　(b) 斜交转角墙

图 3-7　斜交墙暗柱

d—钢筋直径；b_w—墙肢截面厚度；b_f—墙翼截面厚度

3.1.2 剪力墙约束边缘构件钢筋排布构造

3.1.2.1 约束边缘构件转角墙

约束边缘构件转角墙如图 3-8 所示。

3.1.2.2 约束边缘构件翼墙

约束边缘构件翼墙如图 3-9 所示。

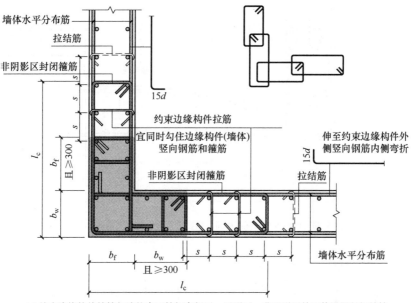

(a) 约束边缘构件箍筋与墙体水平筋标高相同，阴影区、非阴影区外圈均设置封闭箍筋

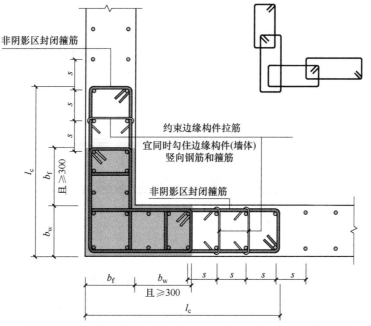

(b) 约束边缘构件箍筋与墙体水平筋标高不同，阴影区、非阴影区外圈均设置封闭箍筋

图 3-8

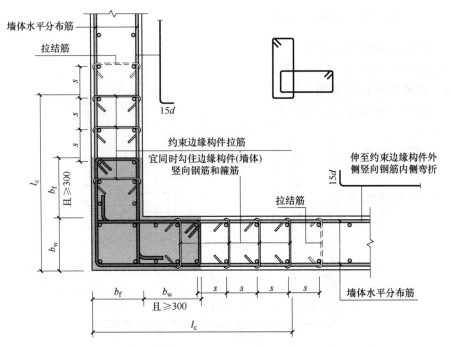

(c) 约束边缘构件箍筋与墙体水平筋标高相同，阴影区外圈设置封闭箍筋、非阴影区设置拉筋

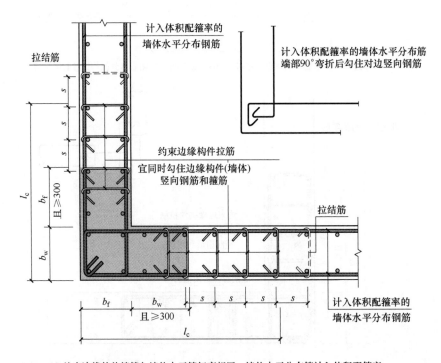

(d) 约束边缘构件箍筋与墙体水平筋标高相同，墙体水平分布筋计入体积配筋率

图 3-8　约束边缘构件转角墙

b_w—墙肢截面宽度；b_f—转角墙截面宽度；d—钢筋直径；

l_c—剪力墙约束边缘构件沿墙肢的长度；s—剪力墙竖向分布筋的间距

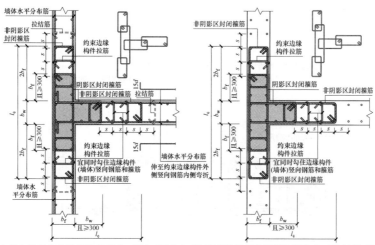

(a) 约束边缘构件箍筋与墙体水平筋标高相同,
阴影区、非阴影区外圈均设置封闭箍筋

(b) 约束边缘构件箍筋与墙体水平筋标高不同,
阴影区、非阴影区外圈均设置封闭箍筋

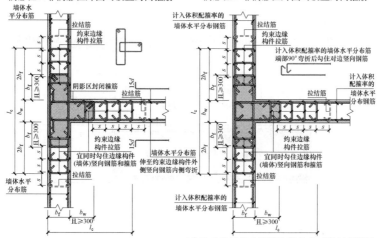

(c) 约束边缘构件箍筋与墙体水平筋标高相同,
阴影区外圈设置封闭箍筋、非阴影区设置拉筋

(d) 约束边缘构件箍筋与墙体水平筋标高相同,
墙体水平分布筋计入体积配筋率(一)

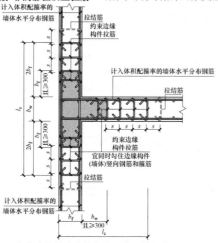

(e) 约束边缘构件箍筋与墙体水平筋标高相同,
墙体水平分布筋计入体积配筋率(二)

图 3-9 约束边缘构件翼墙

b_w—墙肢截面宽度;b_f—翼墙截面宽度;d—钢筋直径;
l_c—剪力墙约束边缘构件沿墙肢的长度;s—剪力墙竖向分布筋的间距

3.1.2.3 约束边缘构件暗柱

约束边缘构件暗柱如图 3-10 所示。

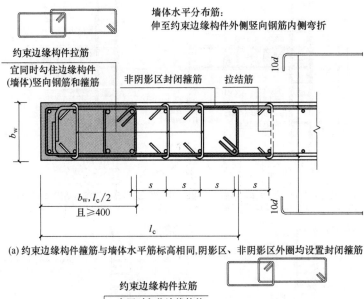

(a) 约束边缘构件箍筋与墙体水平筋标高相同,阴影区、非阴影区外圈均设置封闭箍筋

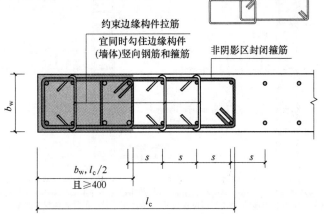

(b) 约束边缘构件箍筋与墙体水平筋标高不同,阴影区、非阴影区外圈均设置封闭箍筋

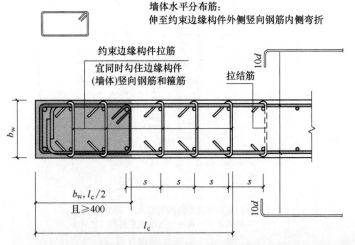

(c) 约束边缘构件箍筋与墙体水平筋标高相同,阴影区外圈设置封闭箍筋、非阴影区设置拉筋

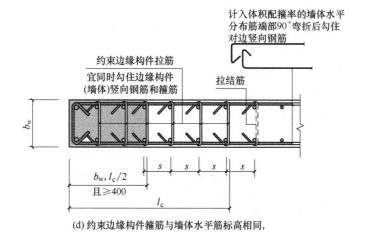

(d) 约束边缘构件箍筋与墙体水平筋标高相同，
墙体水平分布筋计入体积配筋率(一)

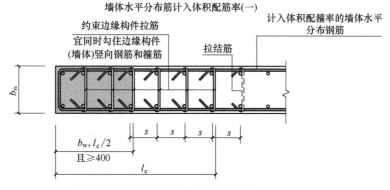

(e) 约束边缘构件箍筋与墙体水平筋标高相同，
墙体水平分布筋计入体积配筋率(二)

图 3-10 约束边缘构件暗柱

l_c—剪力墙约束边缘构件沿墙肢的长度；s—剪力墙竖向分布筋的间距

b_w—墙肢截面宽度；d—钢筋直径

3.1.2.4 约束边缘构件端柱

约束边缘构件端柱如图 3-11 所示。

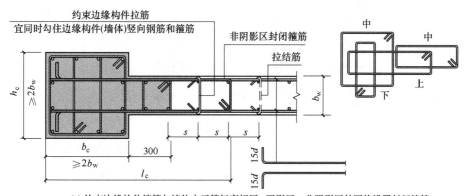

(a) 约束边缘构件箍筋与墙体水平筋标高相同，阴影区、非阴影区外圈均设置封闭箍筋

图 3-11

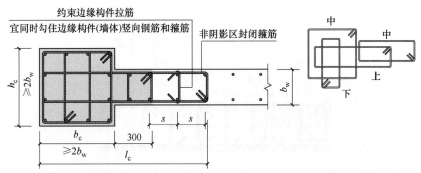

(b) 约束边缘构件箍筋与墙体水平筋标高不同，阴影区、非阴影区外圈均设置封闭箍筋

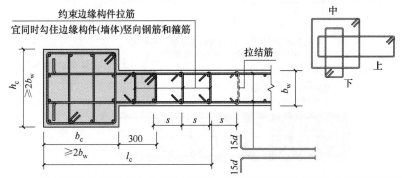

(c) 约束边缘构件箍筋与墙体水平筋标高相同，阴影区外圈设置封闭箍筋、非阴影区设置拉筋

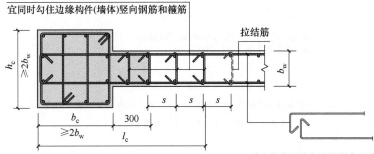

(d) 约束边缘构件箍筋与墙体水平筋标高相同，墙体水平分布筋计入体积配箍率（一）

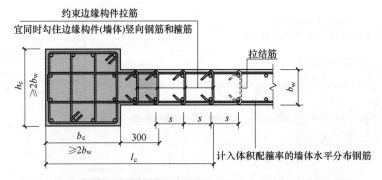

(e) 约束边缘构件箍筋与墙体水平筋标高相同，墙体水平分布筋计入体积配箍率(二)

图 3-11　约束边缘构件端柱

b_w—墙肢截面宽度；b_c—端柱宽度；h_c—端柱高度；d—钢筋直径；

l_c—剪力墙约束边缘构件沿墙肢的长度；s—剪力墙竖向分布筋的间距

3.1.3　剪力墙构造边缘构件钢筋排布构造

3.1.3.1　构造边缘构件转角墙

构造边缘构件转角墙如图 3-12 所示。

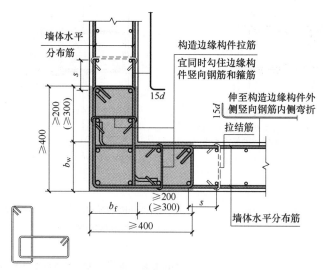

(a) 构造边缘构件箍筋与墙体水平筋标高相同，
外圈设置封闭箍筋

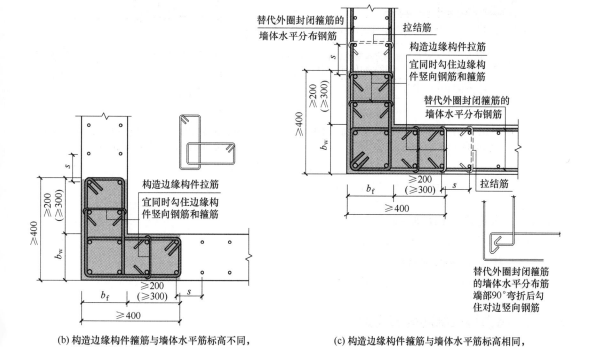

(b) 构造边缘构件箍筋与墙体水平筋标高不同，
外圈设置封闭箍筋

(c) 构造边缘构件箍筋与墙体水平筋标高相同，
墙体水平分布筋替代外圈封闭箍筋

图 3-12　构造边缘构件转角墙

b_w—墙肢截面宽度；b_f—转角墙截面宽度；d—钢筋直径；s—剪力墙竖向分布筋的间距

3.1.3.2 构造边缘构件翼墙

构造边缘构件翼墙如图3-13所示。

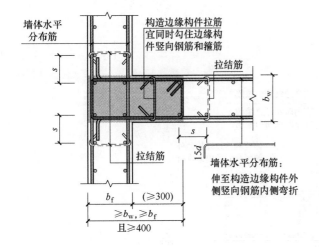

(a) 构造边缘构件箍筋与墙体水平筋标高相同，
外圈设置封闭箍筋

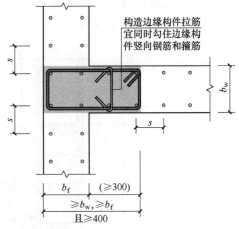

(b) 构造边缘构件箍筋与墙体水平筋标高不同，
外圈设置封闭箍筋

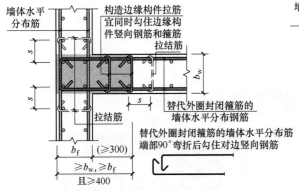

(c) 构造边缘构件箍筋与墙体水平筋标高相同，墙体
水平分布筋替代外圈封闭箍筋(一)

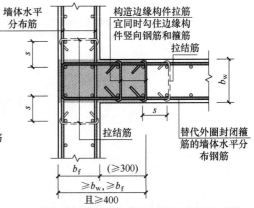

(d) 构造边缘构件箍筋与墙体水平筋标高相同，墙体
水平分布筋替代外圈封闭箍筋(二)

图3-13 构造边缘构件翼墙

b_w—墙肢截面宽度；b_f—转角墙截面宽度；d—钢筋直径；s—剪力墙竖向分布筋的间距

3.1.3.3 构造边缘构件暗柱

构造边缘构件暗柱如图3-14所示。

3.1.3.4 构造边缘构件端柱

构造边缘构件端柱如图3-15所示。

3.1.4 剪力墙拉结筋排布构造

（1）剪力墙拉结筋特指用于剪力墙分布钢筋（约束边缘构件沿墙肢长度 l_c 范围以外、构造边缘构件范围以外）的拉结，宜同时勾住外侧水平及竖向分布钢筋。剪力墙拉结筋的排布设置有梅花、矩形两种形式，如图3-16所示。

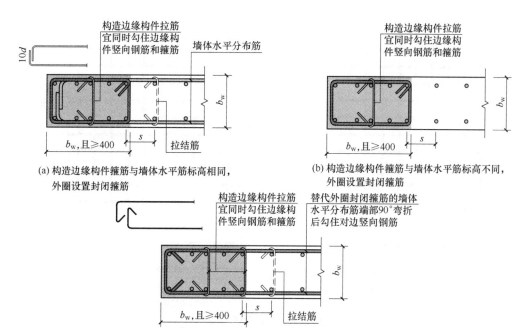

(a) 构造边缘构件箍筋与墙体水平筋标高相同，
外圈设置封闭箍筋

(b) 构造边缘构件箍筋与墙体水平筋标高不同，
外圈设置封闭箍筋

(c) 构造边缘构件箍筋与墙体水平筋标高相同，墙体水平分布筋替代外圈封闭箍筋(一)

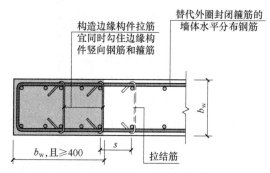

(d) 构造边缘构件箍筋与墙体水平筋标高相同，墙体水平分布筋替代外圈封闭箍筋(二)

图 3-14 构造边缘构件暗柱

b_w—墙肢截面宽度；d—钢筋直径；s—剪力墙竖向分布筋的间距

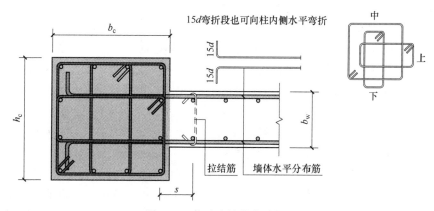

图 3-15 构造边缘构件端柱

b_w—墙肢截面宽度；b_c—端柱宽度；h_c—端柱高度；d—钢筋直径；s—剪力墙竖向分布筋的间距

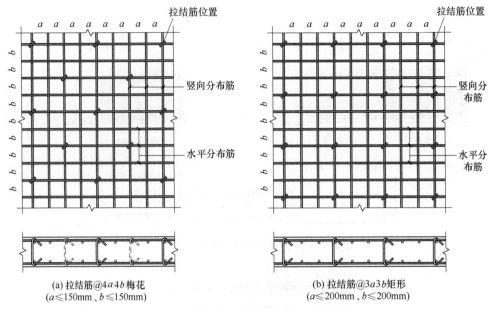

(a) 拉结筋@4a4b梅花
(a≤150mm、b≤150mm)

(b) 拉结筋@3a3b矩形
(a≤200mm、b≤200mm)

图 3-16　剪力墙拉结筋排布构造

a、b—拉结筋边长

（2）位于边缘构件范围的水平分布筋也应设置拉结筋，此范围拉结筋间距不大于墙身拉结筋间距。

（3）拉结筋可采用两端均为90°弯钩，也可采用一端135°另一端90°弯钩。当采用一端135°另一端90°弯钩的构造做法时，拉结筋需交错布置。

（4）拉结筋排布：竖直方向上层高范围由底部板顶向上第二排水平分布筋处开始设置，至顶部板底向下第一排水平分布筋处终止；水平方向上由距边缘构件边第一排墙身竖向分布筋处开始设置。

（5）当剪力墙配置的分布钢筋多于两排时，剪力墙拉结筋两端应同时勾住外排水平分布筋和竖向分布筋，还应与剪力墙内排水平纵筋和竖向纵筋绑扎在一起。

3.1.5　剪力墙连梁特殊钢筋排布构造

剪力墙连梁特殊钢筋排布构造如图 3-17 所示。

（1）当洞口连梁截面宽度不小于 250mm 时，可采用交叉斜筋配筋；当连梁截面宽度不小于 400mm 时，可采用集中对角斜筋配筋或对角暗撑配筋。

（2）交叉斜筋配筋的对角斜筋在梁端部位应设置不少于 3 根拉筋。交叉斜筋配筋连梁的水平分布钢筋及箍筋形成的钢筋网之间应采用拉筋拉结，拉筋数量及尺寸由设计指定，拉筋水平间距为 2 倍箍筋间距，竖向沿侧面水平筋隔一拉一。

（3）集中对角斜筋配筋连梁应在梁截面内沿水平方向及竖直方向设置双向拉筋，拉筋应勾住外侧纵向钢筋，间距及直径均由设计指定。

（4）对角暗撑配筋连梁中暗撑箍筋的外缘沿梁截面宽度方向不宜小于梁宽的 1/2，另一方向不宜小于梁宽的 1/5；对角暗撑约束箍筋肢距不应大于 350mm，箍筋的间距及直径由设计指定。对角暗撑配筋连梁的水平分布钢筋及箍筋形成的钢筋网之间应采用拉筋拉结，拉筋数量及尺寸由设计指定，拉筋水平间距为 2 倍箍筋间距，竖向沿侧面水平筋隔一拉一。

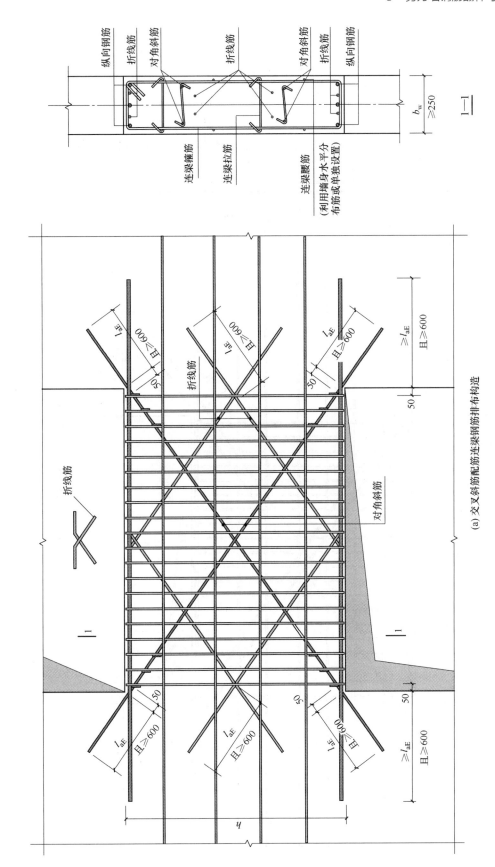

(a) 交叉斜筋配筋连梁钢筋排布构造

图 3-17

（b）集中对角斜筋配筋连梁钢筋排布构造

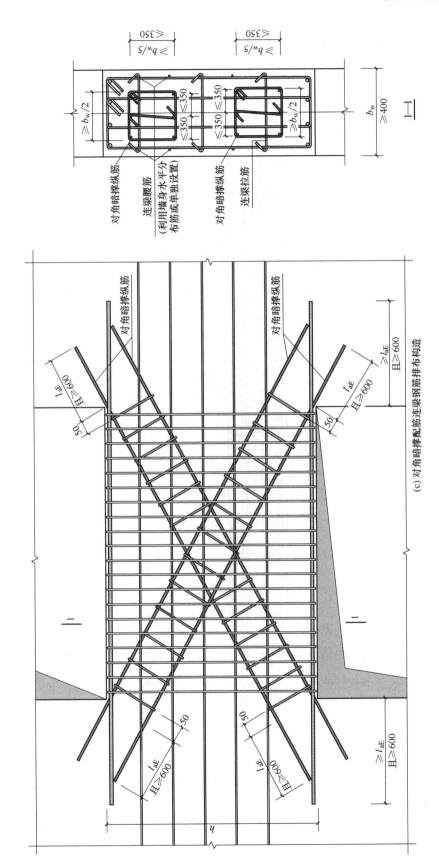

（c）对角暗撑配筋连梁钢筋排布构造

图 3-17　剪力墙连梁特殊钢筋排布构造

l_{aE}—受拉钢筋抗震锚固长度；b_w—梁宽；h—梁高

3.1.6 剪力墙上柱钢筋排布构造

剪力墙上柱（QZ）按柱纵筋的锚固情况分为：柱向下延伸与墙重叠一层和柱纵筋锚固在墙顶部两种类型。

（1）柱向下延伸与墙重叠一层的墙上柱，剪力墙上柱钢筋排布构造如图3-18所示。

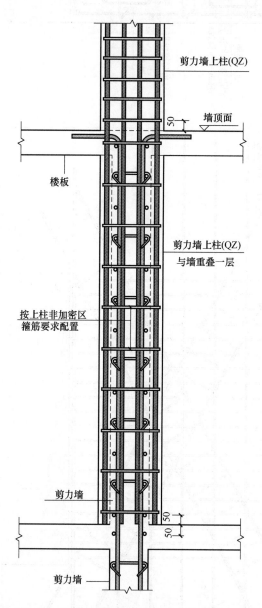

图 3-18　剪力墙上柱钢筋排布构造（柱向下延伸与墙重叠一层）

（2）柱纵筋锚固在墙顶部，剪力墙上柱钢筋排布构造如图3-19所示。

（3）图3-19中墙上起柱的嵌固部位为墙顶面。

（4）墙上起柱，在墙顶面标高以下锚固范围内的柱箍筋按上柱非加密区箍筋要求配置。

（5）图3-19中墙体的平面外方向应设梁，以平衡柱脚在该方向的弯矩。

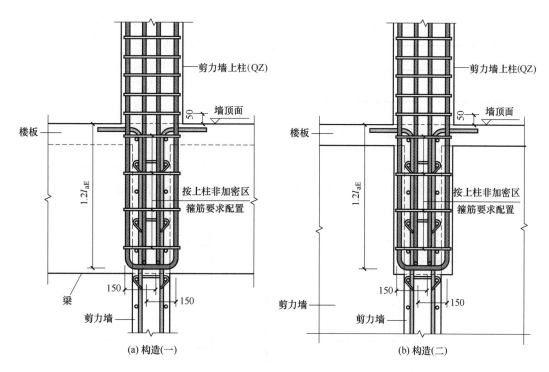

图 3-19　剪力墙上柱钢筋排布构造（柱纵筋墙顶锚固）

l_{aE}—受拉钢筋抗震锚固长度

3.2　剪力墙钢筋翻样与下料方法

3.2.1　剪力墙身钢筋计算

3.2.1.1　剪力墙身水平分布筋计算

（1）端部无暗柱时剪力墙水平分布筋计算　水平筋锚固如图 3-20 所示。

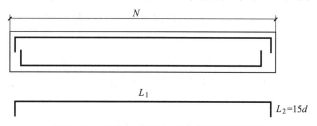

图 3-20　无暗柱时剪力墙水平筋锚固示意

N—墙长；L_1—外皮间尺寸；L_2—两端以外剩余的长度；d—钢筋直径

其加工尺寸为：

$$L_1 = 墙长\ N - 2 \times 保护层厚 \tag{3-1}$$

其下料长度为：

$$L = L_1 + L_2 - 90°量度差值 \tag{3-2}$$

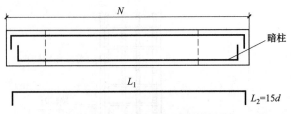

图 3-21　端部有暗柱时剪力墙水平分布筋锚固示意

N—墙长；L_1—外皮间尺寸；L_2—两端以外剩余的长度；

d—钢筋直径

（3）两端为墙的 L 形墙水平分布筋计算　两端为墙的 L 形墙水平分布筋锚固，如图 3-22 所示。

（2）端部有暗柱时剪力墙水平分布筋计算　端部有暗柱时剪力墙水平分布筋锚固，如图 3-21 所示。

其加工尺寸为：

$$L_1 = 墙长\ N - 2×保护层厚 - 2d \qquad (3-3)$$

式中，d 为竖向纵筋直径。

其下料长度为：

$$L = L_1 + L_2 - 90°量度差值 \qquad (3-4)$$

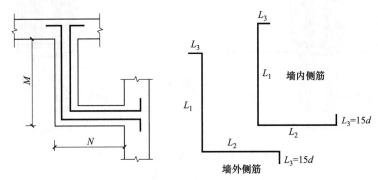

图 3-22　两端为墙的 L 形墙水平分布筋锚固示意

M、N—墙长；L_1、L_2—外皮尺寸；L_3—外皮尺寸；d—钢筋直径

① 墙外侧筋。其加工尺寸为：

$$L_1 = M - 保护层厚 + 0.4l_{aE}\ 伸至对边 \qquad (3-5)$$

$$L_2 = N - 保护层厚 + 0.4l_{aE}\ 伸至对边 \qquad (3-6)$$

其下料长度为：

$$L = L_1 + L_2 + 2L_3 - 3×90°量度差值 \qquad (3-7)$$

② 墙内侧筋。其加工尺寸为：

$$L_1 = M - 墙厚 + 保护层厚 + 0.4l_{aE}\ 伸至对边 \qquad (3-8)$$

$$L_2 = N - 墙厚 + 保护层厚 + 0.4l_{aE}\ 伸至对边 \qquad (3-9)$$

其下料长度为：

$$L = L_1 + L_2 + 2L_3 - 3×90°量度差值 \qquad (3-10)$$

（4）闭合墙水平分布筋计算　闭合墙水平分布筋锚固如图 3-23 所示。

① 墙外侧筋。其加工尺寸为：

$$L_1 = M - 2×保护层厚 \qquad (3-11)$$

$$L_2 = N - 2×保护层厚 \qquad (3-12)$$

其下料长度为：

$$L = 2L_1 + 2L_2 - 4×90°量度差值 \qquad (3-13)$$

② 墙内侧筋。其加工尺寸为：

$$L_1 = M - 墙厚 + 2×保护层厚 + 2d \qquad (3-14)$$

$$L_2 = N - 墙厚 + 2×保护层厚 + 2d \qquad (3-15)$$

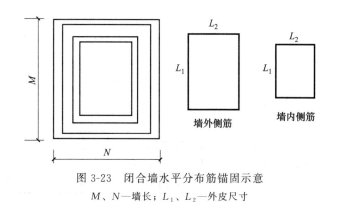

图 3-23　闭合墙水平分布筋锚固示意

M、N—墙长；L_1、L_2—外皮尺寸

其下料长度为：

$$L = 2L_1 + 2L_2 - 4 \times 90° \text{量度差值} \tag{3-16}$$

（5）两端为转角墙的外墙水平分布筋计算　两端为转角墙的外墙水平分布筋锚固如图 3-24 所示。

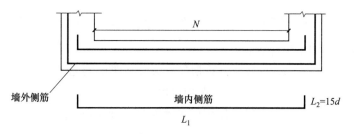

图 3-24　两端为转角墙的外墙水平分布筋锚固示意

N—墙长；L_1—外皮间尺寸；L_2—两端以外剩余的长度；d—钢筋直径

① 墙内侧筋。其加工尺寸为：

$$L_1 = N + 2 \times 0.4 l_{aE} \text{伸至对边} \tag{3-17}$$

其下料长度为：

$$L = L_1 + 2L_2 - 2 \times 90° \text{量度差值} \tag{3-18}$$

② 墙外侧筋。墙外侧水平分布筋的计算方法同闭合墙水平分布筋外侧筋计算。

（6）两端为墙的室内墙水平分布筋计算　两端为墙的室内墙水平分布筋锚固如图 3-25 所示。

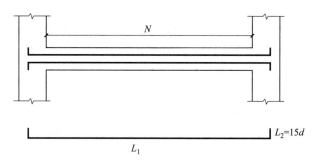

图 3-25　两端为墙的室内墙水平分布筋锚固示意

N—墙长；L_1—外皮间尺寸；L_2—两端以外剩余的长度；d—钢筋直径

其加工尺寸为：

$$L_1 = N + 2 \times 0.4 l_{aE} \text{ 伸至对边} \tag{3-19}$$

其下料长度为：

$$L = L_1 + 2L_2 - 2 \times 90° \text{量度差值} \tag{3-20}$$

（7）两端为墙的 U 形墙水平分布筋计算　两端为墙的 U 形墙水平分布筋锚固如图 3-26 所示。

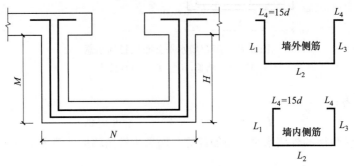

图 3-26　两端为墙的 U 形墙水平分布筋锚固示意

M、N、H—墙长；L_1、L_2、L_3—外皮尺寸；L_4—外皮尺寸；d—钢筋直径

① 墙外侧筋。其加工尺寸为：

$$L_1 = M - \text{保护层厚} + 0.4 l_{aE} \text{ 伸至对边} \tag{3-21}$$

$$L_2 = N - 2 \times \text{保护层厚} \tag{3-22}$$

$$L_3 = H - \text{保护层厚} + 0.4 l_{aE} \text{ 伸至对边} \tag{3-23}$$

其下料长度为：

$$L = L_1 + L_2 + L_3 + 2L_4 - 4 \times 90° \text{量度差值} \tag{3-24}$$

② 墙内侧筋。其加工尺寸为：

$$L_1 = M - \text{墙厚} + \text{保护层厚} + 0.4 l_{aE} \text{ 伸至对边} \tag{3-25}$$

$$L_2 = N - 2 \times \text{墙厚} + 2 \times \text{保护层厚} \tag{3-26}$$

$$L_3 = H - \text{墙厚} + \text{保护层厚} + 0.4 l_{aE} \text{ 伸至对边} \tag{3-27}$$

其下料长度为：

$$L = L_1 + L_2 + L_3 + 2L_4 - 4 \times 90° \text{量度差值} \tag{3-28}$$

（8）两端为柱的 U 形外墙水平分布筋计算　两端为柱的 U 形外墙水平分布筋锚固如图 3-27 所示。

① 墙外侧水平分布筋。

a. 墙外侧水平分布筋在端柱中弯锚，如图 3-27 所示，$M - \text{保护层厚} < l_{aE}$ 及 $K - \text{保护层厚} < l_{aE}$ 时，外侧水平分布筋在端柱中弯锚。

其加工尺寸为：

$$L_1 = N + 0.4 l_{aE} \text{ 伸至对边} - \text{保护层厚} \tag{3-29}$$

$$L_2 = H - 2 \times \text{保护层厚} \tag{3-30}$$

$$L_3 = G + 0.4 l_{aE} \text{ 伸至对边} - \text{保护层厚} \tag{3-31}$$

其下料长度为：

$$L = L_1 + L_2 + L_3 + 2L_4 - 4 \times 90° \text{量度差值} \tag{3-32}$$

b. 墙外侧水平分布筋在端柱中直锚，如图 3-27 所示，$M - \text{保护层厚} > l_{aE}$ 及 $K - \text{保}$

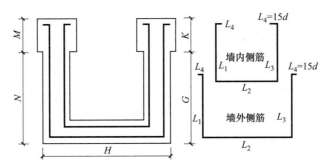

图 3-27　两端为柱的 U 形外墙水平分布筋锚固示意

M、N、G、K、H—墙长；L_1、L_2、L_3—外皮尺寸；L_4—外皮尺寸；d—钢筋直径

层厚$>l_{aE}$ 时，外侧水平分布筋在端柱中直锚，此处没有 L_4。

其加工尺寸为：

$$L_1 = N + l_{aE} - 保护层厚 \tag{3-33}$$

$$L_2 = H - 2 \times 保护层厚 \tag{3-34}$$

$$L_3 = G + l_{aE} - 保护层厚 \tag{3-35}$$

其下料长度为：

$$L = L_1 + L_2 + L_3 - 2 \times 90° 量度差值 \tag{3-36}$$

② 墙内侧水平分布筋。

a. 墙内侧水平分布筋在端柱中弯锚，如图 3-27 所示，M－保护层厚$<l_{aE}$ 及 K－保护层厚$<l_{aE}$ 时，内侧水平分布筋在端柱中弯锚。

其加工尺寸为：

$$L_1 = N + 0.4 l_{aE} 伸至对边 - 墙厚 + 保护层厚 + d \tag{3-37}$$

$$L_2 = H - 2 \times 墙厚 + 2 \times 保护层厚 + 2d \tag{3-38}$$

$$L_3 = G + 0.4 l_{aE} 伸至对边 - 墙厚 + 保护层厚 + d \tag{3-39}$$

其下料长度为：

$$L = L_1 + L_2 + L_3 + 2L_4 - 4 \times 90° 量度差值 \tag{3-40}$$

b. 墙内侧水平分布筋在端柱中直锚，如图 3-27 所示，M－保护层厚$>l_{aE}$ 及 K－保护层厚$>l_{aE}$ 时，外侧水平分布筋在端柱中直锚，此处没有 L_4。

其加工尺寸为：

$$L_1 = N + l_{aE} - 墙厚 + 保护层厚 + d \tag{3-41}$$

$$L_2 = H - 2 \times 墙厚 + 2 \times 保护层厚 + 2d \tag{3-42}$$

$$L_3 = G + l_{aE} - 墙厚 + 保护层厚 + d \tag{3-43}$$

其下料长度为：

$$L = L_1 + L_2 + L_3 - 2 \times 90° 量度差值 \tag{3-44}$$

（9）一端为柱、另一端为墙的外墙内侧水平分布筋计算　一端为柱、另一端为墙的外墙内侧水平分布筋锚固，如图 3-28 所示。

① 内侧水平分布筋在端柱中弯锚，如图 3-28 所示，M－保护层厚$<l_{aE}$ 时，内侧水平分布筋在端柱中弯锚。

其加工尺寸为：

$$L_1 = N + 2 \times 0.4 l_{aE} 伸至对边 \tag{3-45}$$

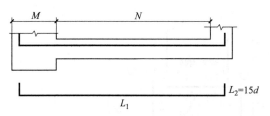

图 3-28 一端为柱、另一端为墙的外墙
内侧水平分布筋锚固示意

M、N—墙长；L_1—外皮间尺寸；

L_2—两端以外剩余的长度；d—钢筋直径

其下料长度为：

$$L = L_1 + 2L_2 - 2 \times 90°量度差值 \quad (3\text{-}46)$$

② 内侧水平分布筋在端柱中直锚，如图 3-28 所示，$M-$保护层厚$> l_{aE}$ 时，内侧水平分布筋在端柱中直锚，此时钢筋左侧没有 L_2。

其加工尺寸为：

$$L_1 = N + 0.4 l_{aE} 伸至对边 + l_{aE} \quad (3\text{-}47)$$

其下料长度为：

$$L = L_1 + L_2 - 90°量度差值 \quad (3\text{-}48)$$

（10）一端为柱、另一端为墙的 L 形外墙水平分布筋计算 一端为柱、另一端为墙的 L 形外墙水平分布筋锚固，如图 3-29 所示。

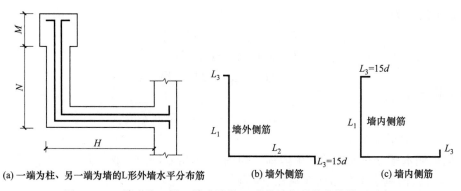

(a) 一端为柱、另一端为墙的L形外墙水平分布筋 (b) 墙外侧筋 (c) 墙内侧筋

图 3-29 一端为柱、另一端为墙的 L 形外墙水平分布筋锚固示意

M、N、H—墙长；L_1、L_2—外皮尺寸；L_3—外皮尺寸；d—钢筋直径

① 墙外侧水平分布筋。

a. 墙外侧水平分布筋在端柱中弯锚，如图 3-29 所示，$M-$保护层厚$< l_{aE}$ 时，外侧水平分布筋在端柱中弯锚。

其加工尺寸为：

$$L_1 = N + 0.4 l_{aE} 伸至对边 - 保护层厚 \quad (3\text{-}49)$$

$$L_2 = H + 0.4 l_{aE} 伸至对边 - 保护层厚 \quad (3\text{-}50)$$

其下料长度为：

$$L = L_1 + L_2 + 2L_3 - 3 \times 90°量度差值 \quad (3\text{-}51)$$

b. 墙外侧水平分布筋在端柱中直锚，如图 3-29 所示，$M-$保护层厚$> l_{aE}$ 时，外侧水平分布筋在端柱中直锚，此处无 L_3。

其加工尺寸为：

$$L_1 = N + l_{aE} - 保护层厚 \quad (3\text{-}52)$$

$$L_2 = H + 0.4 l_{aE} 伸至对边 - 保护层厚 \quad (3\text{-}53)$$

其下料长度为：

$$L = L_1 + L_2 - 2 \times 90°量度差值 \quad (3\text{-}54)$$

② 墙内侧水平分布筋。

a. 墙内侧水平分布筋在端柱中弯锚，如图 3-29 所示，$M-$保护层厚$< l_{aE}$ 时，内侧水平分布筋在端柱中弯锚。

其加工尺寸为：

$$L_1 = N + 0.4l_{aE} \text{ 伸至对边} - \text{墙厚} + \text{保护层厚} + d \qquad (3\text{-}55)$$

$$L_2 = H + 0.4l_{aE} \text{ 伸至对边} - \text{墙厚} + \text{保护层厚} + d \qquad (3\text{-}56)$$

其下料长度为：

$$L = L_1 + L_2 + 2L_3 - 3 \times 90° \text{量度差值} \qquad (3\text{-}57)$$

b. 墙内侧水平分布筋在端柱中直锚，如图 3-29 所示，$M - \text{保护层厚} > l_{aE}$ 时，外侧水平分布筋在端柱中直锚，此处无 L_3。

其加工尺寸为：

$$L_1 = N + l_{aE} - \text{墙厚} + \text{保护层厚} + d \qquad (3\text{-}58)$$

$$L_2 = H + 0.4l_{aE} \text{ 伸至对边} - \text{墙厚} + \text{保护层厚} + d \qquad (3\text{-}59)$$

其下料长度为：

$$L = L_1 + L_2 - 2 \times 90° \text{量度差值} \qquad (3\text{-}60)$$

3.2.1.2 剪力墙身竖向钢筋计算

剪力墙身竖向分布钢筋连接构造如图 3-30 所示。

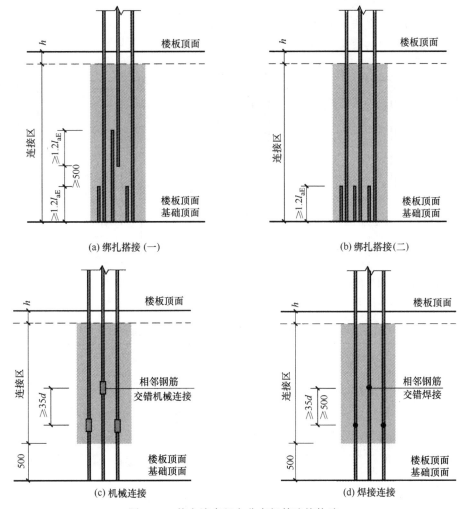

图 3-30 剪力墙身竖向分布钢筋连接构造

l_{aE}—受拉钢筋抗震锚固长度；d—钢筋直径；h—楼板厚度、暗梁或边框梁高度的较大值

（1）边墙墙身外侧和中墙顶层竖向筋　由于长、短筋交替放置，所以有长 L_1 和短 L_1 之分。边墙外侧筋和中墙筋的计算法相同，它们共同的计算公式，列在表 3-1 中。

表 3-1　剪力墙边墙（贴墙外侧）、中墙墙身顶层竖向分布筋

抗震等级	连接方法	d/mm	钢筋级别	长 L_1	短 L_1	钩	L_2
一、二	搭接	≤28	HRB335、HRB400	层高－保护层厚	层高－$1.3l_{lE}$－保护层厚	—	l_{aE}－顶板厚＋保护层厚
			HPB300	层高－保护层厚＋5d 直钩	层高－$1.3l_{lE}$－保护层厚＋5d 直钩	5d	
三、四	搭接	≤28	HRB335、HRB400	层高－保护层厚	无短 L_1	—	
			HPB300	层高－保护层厚＋5d 直钩		5d	
一、二、三、四	机械连接	>28	HPB300、HRB335、HRB400	层高－500－保护层厚	层高－500－35d－保护层厚	—	

注：搭接且为 HPB300 级钢筋的长 L_1、短 L_1，均有为直角的"钩"。

从表 3-1 中可以看出，长 L_1 和短 L_1 随着抗震等级、连接方法、直径大小和钢筋级别的不同而不同。但是，L_2 却都是相同的。

边墙外侧和中墙的顶层钢筋如图 3-31 所示。图 3-31（a）是边墙的外侧顶层钢筋图，图 3-31（b）是中墙的顶层筋图。

表 3-1 中的 l_{lE}，在表 1-17 中有它的使用数据。

图 3-32 是边墙中的顶层侧筋，表 3-2 是它的计算公式。

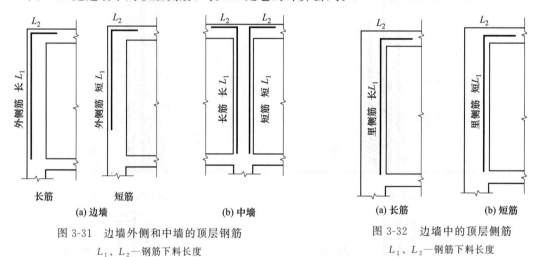

图 3-31　边墙外侧和中墙的顶层钢筋
L_1、L_2—钢筋下料长度

图 3-32　边墙中的顶层侧筋
L_1、L_2—钢筋下料长度

表 3-2　剪力墙边墙墙身顶层（贴墙里侧）竖向分布筋

抗震等级	连接方法	d/mm	钢筋级别	长 L_1	短 L_1	钩	L_2
一、二	搭接	≤28	HRB335、HRB400	层高－保护层厚－d－30	层高－$1.3l_{lE}$－d－30－保护层厚	—	l_{aE}－顶板厚＋保护层厚＋d＋30
			HPB300	层高－保护层厚－d－30＋5d 直钩	层高－$1.3l_{lE}$－d－30＋5d 直钩－保护层厚	5d	
三、四	搭接	≤28	HRB335、HRB400	层高－保护层厚－d－30	无短 L_1	—	
			HPB300	层高－保护层厚－d－30＋5d 直钩		5d	
一、二、三、四	机械连接	>28	HPB300、HRB335、HRB400	层高－500－保护层厚－d－30	层高－500－35d－保护层厚－d－30	—	

注：搭接且为 HPB300 级钢筋的长 L_1、短 L_1，均有为直角的"钩"。

【**例 3-1**】　已知：四级抗震剪力墙边墙墙身顶层竖向分布筋，钢筋规格为 $\Phi\,20$（即 HRB400 级钢筋，直径为 20mm），混凝土强度 C30，搭接连接，层高 3.3m，板厚 150mm 和保护层厚度 15mm。

求：剪力墙边墙墙身顶层竖向分布筋（外侧筋和里侧筋）——长 L_1、L_2 的加工尺寸和下料长度。

【**解**】　（1）外侧筋

长 $L_1 =$ 层高 $-$ 保护层厚 $= 3300 - 15 = 3285$（mm）

$L_2 = l_{aE} -$ 顶板厚 $+$ 保护层厚 $= 35d - 150 + 15 = 565$（mm）

钩 $= 5d = 100$mm

下料长度 $= 3285 + 565 + 100 - 2.288d \approx 3285 + 565 + 100 - 46 = 3904$（mm）

（2）里侧筋

长 $L_1 = 3300 - 15 - d - 30 = 3235$（mm）

$L_2 = l_{aE} -$ 顶板厚 $+$ 保护层厚 $+ d + 30 = 35d - 150 + 15 + 20 + 30 = 615$（mm）

钩 $= 5d = 100$（mm）

下料长度 $= 3235 + 615 + 100 - 2.288d$

$\approx 3235 + 615 + 100 - 46 = 3904$（mm）

计算结果参看图 3-33。

（2）边墙和中墙的中、底层竖向钢筋　表 3-3 中列出了边墙和中墙的中、底层竖向筋的计算方法。图 3-34 是表 3-3 的图解说明。在连接方法中，机械连接不需要搭接，所以，中、底层竖向筋的长度就等于层高。搭接就不一样，它需要增加搭接长度 l_{lE}。但是，如果搭接的钢筋是 HPB300 级钢筋，它的端头需要加工成 90°弯钩，钩长 $5d$。注意，机械连接适用于钢筋直径大于 28mm 情况。

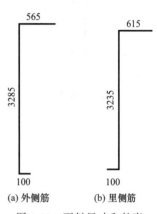

图 3-33　下料尺寸和长度

表 3-3　剪力墙边墙和中墙的中、底层竖向筋的计算

抗震等级	连接方法	d/mm	钢筋级别	钩	L_2
一、二	搭接	≤28	HRB335、HRB400	—	层高 $+ l_{lE}$
			HPB300	$5d$（直钩）	层高 $+ l_{lE}$
三、四	搭接	≤28	HRB335、HRB400	—	层高 $+ l_{lE}$
			HPB300	$5d$（直钩）	层高 $+ l_{lE}$
一、二、三、四	机械连接	>28	HPB300、HRB335、HRB400		层高

【**例 3-2**】　已知：二级抗震剪力墙中墙身中、底层竖向分布筋，钢筋规格为 $d = 24$mm（HRB335 级钢筋），混凝土强度为 C30，搭接连接，层高 3.5m 和搭接长度 $l_{aE} = 33d$。

求：剪力墙中的墙身中、底层竖向分布筋 L_1。

【**解**】　$L_1 =$ 层高 $+ l_{lE} = 3500 + 40d = 3500 + 40 \times 24 = 4460$（mm）

3.2.1.3　基础剪力墙身钢筋计算

剪力墙墙身插筋应伸至基础底部并支承在基础底板钢筋网片上，并在基础高度范围内设置间距不大于 500mm 且不少于两道水平分布钢筋与拉结筋，如图 3-35（a）所示。当筏形基础中板厚 > 2000mm 且设置中间层钢筋网片时，墙身插筋在基础中的钢筋排布按图 3-35（b）、（c）施工。

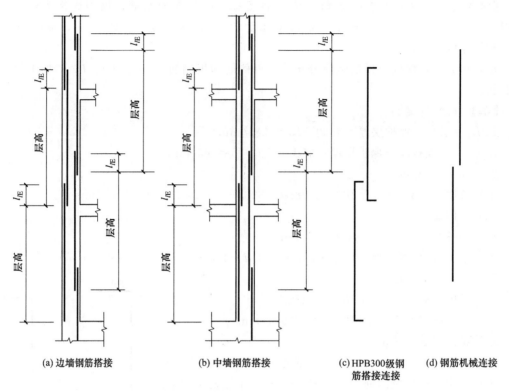

(a) 边墙钢筋搭接　　(b) 中墙钢筋搭接　　(c) HPB300级钢　(d) 钢筋机械连接
筋搭接连接

图 3-34　钢筋机械连接和搭接

l_{lE}—纵向受拉钢筋抗震搭接长度

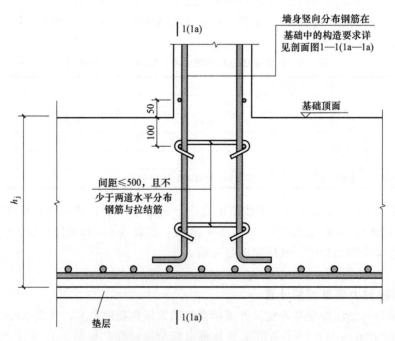

(a) 剪力墙墙身插筋在基础中的排布构造(一)

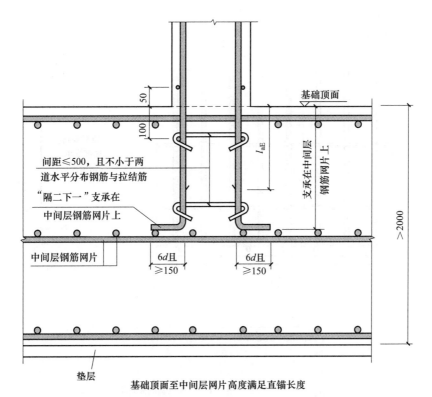

(b) 剪力墙墙身插筋在基础中的排布构造(二)

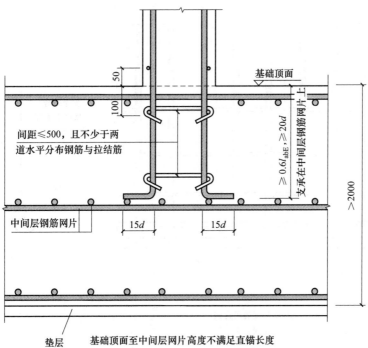

(c) 剪力墙墙身插筋在基础中的排布构造(三)

图 3-35

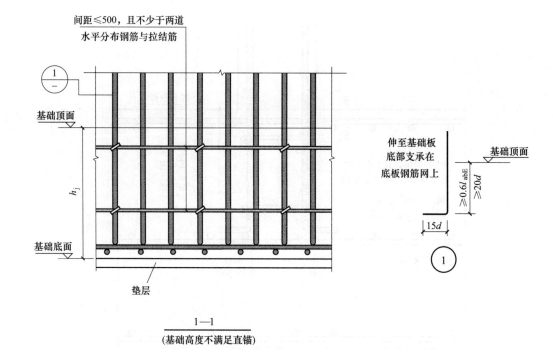

1—1

(基础高度不满足直锚)

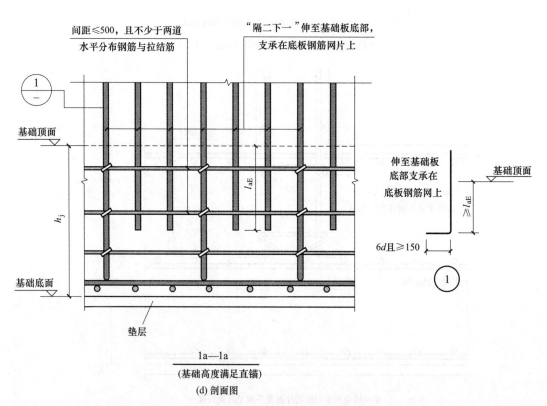

1a—1a

(基础高度满足直锚)

(d) 剖面图

图 3-35　剪力墙墙身插筋在基础中的排布构造

h_j—基础底面至基础顶面的高度，墙下有基础梁时，为梁底面至顶面的高度；d—钢筋直径；

l_{aE}—受拉钢筋抗震锚固长度；l_{abE}—抗震设计时受拉钢筋基本锚固长度

（1）插筋计算

$$短剪力墙身插筋长度＝锚固长度＋搭接长度 1.2l_{aE} \tag{3-61}$$

$$长剪力墙身插筋长度＝锚固长度＋搭接长度 1.2l_{aE}＋500＋搭接长度 1.2l_{aE} \tag{3-62}$$

$$插筋总根数＝\left(\frac{剪力墙身净长－2×插筋间距}{插筋间距}＋1\right)×排数 \tag{3-63}$$

（2）基础层剪力墙身水平筋计算　剪力墙身水平钢筋包括水平分布筋、拉筋形式。

剪力墙水平分布筋有外侧钢筋和内侧钢筋两种形式，当剪力墙有两排以上钢筋网时，最外一层按外侧钢筋计算，其余则均按内侧钢筋计算。

① 水平分布筋计算。

$$外侧水平筋长度＝墙外侧长度－2×保护层厚＋15d×n \tag{3-64}$$

式中，n 为水平钢筋根数。

$$内侧水平筋长度＝墙外侧长度－2×保护层厚＋15d×2－外侧钢筋直径×2－25×2 \tag{3-65}$$

$$基本层水平筋根数＝\left(\frac{基础高度－基础保护层厚}{500}＋1\right)×排数 \tag{3-66}$$

② 拉筋计算。

$$基础层拉筋根数＝\left(\frac{墙净长－竖向插筋间距×2}{拉筋间距}＋1\right)×基础水平筋排数 \tag{3-67}$$

3.2.1.4　中间层剪力墙身钢筋计算

中间层剪力墙身钢筋有竖向分布筋与水平分布筋。

（1）竖向分布筋计算

$$长度＝中间层层高＋1.2l_{aE} \tag{3-68}$$

$$根数＝\left(\frac{剪力墙身长－2×竖向分布筋间距}{竖向分布筋间距}＋1\right)×排数 \tag{3-69}$$

（2）水平分布筋计算　水平分布筋计算，无洞口时计算方法与基础层相同，有洞口时水平分布筋计算方法为：

$$外侧水平筋长度＝外侧墙长度（减洞口长度后）－2×保护层厚＋15d×2＋15d×n \tag{3-70}$$

式中，n 为水平钢筋根数。

$$内侧水平筋长度＝外侧墙长度（减洞口长度后）－2×保护层厚＋15d×2＋15d×2 \tag{3-71}$$

$$水平筋根数＝\left(\frac{布筋范围－50}{墙身水平筋间距}＋1\right)×排数 \tag{3-72}$$

3.2.1.5　顶层剪力墙钢筋计算

顶层剪力墙身钢筋有竖向分布筋与水平分布筋。

（1）水平钢筋计算方法同中间层。

（2）顶层剪力墙身竖向钢筋计算方法

$$长钢筋长度＝顶层层高－顶层板厚＋锚固长度 l_{aE} \tag{3-73}$$

$$短钢筋长度＝顶层层高－顶层板厚－1.2l_{aE}－500＋锚固长度 l_{aE} \tag{3-74}$$

$$根数＝\left(\frac{剪力墙净长－竖向分布筋间距×2}{竖向分布筋间距}＋1\right)×排数 \tag{3-75}$$

3.2.1.6 剪力墙身变截面处钢筋计算方法

剪力墙身变截面处钢筋的锚固包括两种形式：倾斜锚固及当前锚固与插筋组合。根据剪力墙变截面钢筋的构造措施，可知剪力墙纵筋的计算方法。剪力墙变截面处竖向钢筋构造如图3-36所示。

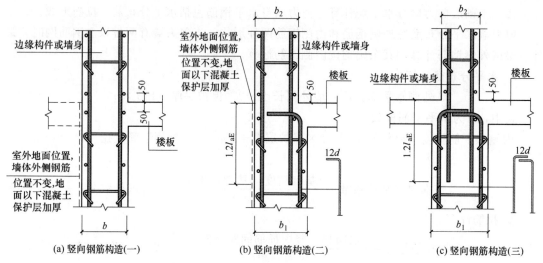

(a) 竖向钢筋构造(一)   (b) 竖向钢筋构造(二)   (c) 竖向钢筋构造(三)

图3-36 剪力墙变截面处竖向钢筋构造

b、b_1、b_2—墙厚；l_{aE}—受拉钢筋抗震锚固长度；d—钢筋直径

变截面处倾斜锚入上层的纵筋长度计算方法（一）：

$$变截面倾斜纵筋长度 = 层高 + 斜度延伸值 + 搭接长度 1.2l_{aE} \tag{3-76}$$

变截面处倾斜锚入上层的纵筋长度计算方法（二）：

$$当前锚固纵筋长度 = 层高 - 板保护层厚 + 墙厚 - 2×墙保护层厚 \tag{3-77}$$

$$插筋长度 = 锚固长度 1.5l_{aE} + 搭接长度 1.2l_{aE} \tag{3-78}$$

3.2.1.7 剪力墙拉筋计算

$$根数 = \frac{剪力墙总面积 - 洞口面积 - 边框梁面积}{横向间距×竖向间距} \tag{3-79}$$

3.2.2 剪力墙柱钢筋计算

3.2.2.1 顶层墙竖向钢筋下料

（1）绑扎搭接 当暗柱采用绑扎搭接接头时，顶层构造如图3-37所示。

① 计算长度。

$$长筋长度 = 顶层层高 - 顶层板厚 + 顶层锚固总长度 l_{aE} \tag{3-80}$$

$$短筋长度 = 顶层层高 - 顶层板厚 - (1.2l_{aE} + 500) + 顶层锚固总长度 l_{aE} \tag{3-81}$$

② 下料长度。

$$长筋长度 = 顶层层高 - 顶层板厚 + 顶层锚固总长度 l_{aE} - 90°差值 \tag{3-82}$$

$$短筋长度 = 顶层层高 - 顶层板厚 - (1.2l_{aE} + 500) + 顶层锚固总长度 l_{aE} - 90°差值 \tag{3-83}$$

（2）机械或焊接连接 当暗柱采用机械或焊接连接接头时，顶层构造如图3-38所示。

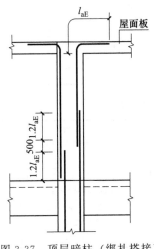

图 3-37　顶层暗柱（绑扎搭接）

l_{aE}—受拉钢筋抗震锚固长度

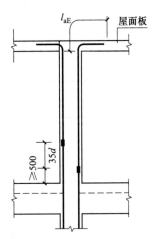

图 3-38　顶层暗柱（机械或焊接连接）

d—钢筋直径；l_{aE}—受拉钢筋抗震锚固长度

① 计算长度。

$$长筋长度 = 顶层层高 - 顶层板厚 - 500 + 顶层锚固总长度 \ l_{aE} \qquad (3\text{-}84)$$

$$短筋长度 = 顶层层高 - 顶层板厚 - 500 - 35d + 顶层锚固总长度 \ l_{aE} \qquad (3\text{-}85)$$

② 下料长度。

$$长筋长度 = 顶层层高 - 顶层板厚 - 500 + 顶层锚固总长度 \ l_{aE} - 90°差值 \qquad (3\text{-}86)$$

$$短筋长度 = 顶层层高 - 顶层板厚 - 500 - 35d + 顶层锚固总长度 \ l_{aE} - 90°差值 \qquad (3\text{-}87)$$

3.2.2.2　剪力墙暗柱竖向钢筋下料

（1）约束边缘构件　为了方便计算，将各种形式下的约束边缘暗柱顶层竖向钢筋下料长度总结为公式，见表 3-4；剪力墙约束边缘暗柱中、底层竖向钢筋计算公式见表 3-5；剪力墙约束边缘暗柱基础插筋计算公式见表 3-6，供计算时查阅使用。

表 3-4　剪力墙约束边缘暗柱顶层外侧及内侧竖向分布钢筋计算公式　　　　mm

部位	抗震等级	连接方法	钢筋直径	钢筋级别	计算公式
外侧	一、二级抗震	搭接	$d \leqslant 28$	HPB300 级	长筋 = 顶层室内净高 + l_{aE} + 6.25d − 90°外皮差值
					短筋 = 顶层室内净高 − 0.2l_{aE} + 6.25d − 500 − 90°外皮差值
				HRB335、HRB400 级	长筋 = 顶层室内净高 + l_{aE} − 90°外皮差值
					短筋 = 顶层室内净高 − 0.2l_{aE} − 500 − 90°外皮差值
内侧	一、二级抗震	搭接	$d \leqslant 28$	HPB300 级	长筋 = 顶层室内净高 + l_{aE} + 6.25d − (d+30) − 90°外皮差值
					短筋 = 顶层室内净高 − 0.2l_{aE} + 6.25d − 500 − (d+30) − 90°外皮差值
				HRB335、HRB400 级	长筋 = 顶层室内净高 + l_{aE} − 90°外皮差值 − (d+30)
					短筋 = 顶层室内净高 − 0.2l_{aE} − 500 − (d+30) − 90°外皮差值
外侧	一、二、三、四级抗震	机械连接	$d > 28$	HPB300、HRB335、HRB400 级	长筋 = 顶层室内净高 + l_{aE} − 500 − 90°外皮差值
					短筋 = 顶层室内净高 + l_{aE} − 500 − 35d − 90°外皮差值
内侧					长筋 = 顶层室内净高 + l_{aE} − 500 − (d+30) − 90°外皮差值
					短筋 = 顶层室内净高 + l_{aE} − 500 − 35d − (d+30) − 90°外皮差值

（2）构造边缘构件　为了方便计算，将各种形式下的构造边缘暗柱顶层竖向钢筋下料长度总结为公式，见表 3-7；剪力墙构造边缘暗柱中、底层竖向钢筋计算公式见表 3-8；剪力墙构造边缘暗柱基础插筋计算公式见表 3-9，供计算时查阅使用。

表3-5　剪力墙约束边缘暗柱中、底层竖向钢筋计算公式　　　　mm

抗震等级	连接方法	钢筋直径	钢筋级别	计算公式
一、二级抗震	搭接	$d\leqslant28$	HPB300 级	层高$+1.2l_{aE}+6.25d$
			HRB335、HRB400 级	层高$+1.2l_{aE}$
一、二、三、四级抗震	机械连接	$d>28$	HPB300、HRB335、HRB400 级	层高

表3-6　剪力墙约束边缘暗柱基础插筋计算公式　　　　mm

抗震等级	连接方法	钢筋直径	钢筋级别	计算公式
一、二级抗震	搭接	$d\leqslant28$	HPB300 级	长筋$=2.4l_{aE}+500+$基础构件厚$+12d+6.25d-90°$外皮差值
				短筋$=$基础构件厚$+12d+12.5d-1$个保护层厚
			HRB335、HRB400 级	长筋$=1.2l_{aE}+$基础构件厚$+6.25d-90°$外皮差值
				短筋$=1.2l_{aE}+$基础构件厚$+12d-90°$外皮差值
一、二、三、四级抗震	机械连接	$d>28$	HPB300、HRB335、HRB400 级	长筋$=35d+500+$基础构件厚$+12d-90°$外皮差值
				短筋$=500+$基础构件厚$+12d-90°$外皮差值

表3-7　剪力墙构造边缘暗柱顶层外侧及内侧竖向分布钢筋计算公式　　　　mm

部位	抗震等级	连接方法	钢筋直径	钢筋级别	计算公式
外侧	一、二级抗震	搭接	$d\leqslant28$	HPB300 级	长筋$=$顶层室内净高$+l_{aE}+6.25d-90°$外皮差值$-(d+30)$
					短筋$=$顶层室内净高$-0.2l_{aE}+6.25d-500-90°$外皮差值
				HRB335、HRB400 级	长筋$=$顶层室内净高$+l_{aE}-90°$外皮差值
					短筋$=$顶层室内净高$-0.2l_{aE}-500-90°$外皮差值
内侧	三、四级抗震	搭接	$d\leqslant28$	HPB300 级	长筋$=$顶层室内净高$+l_{aE}+6.25d-(d+30)-90°$外皮差值
					短筋$=$顶层室内净高$-0.2l_{aE}+6.25d-500-(d+30)-90°$外皮差值
				HRB335、HRB400 级	长筋$=$顶层室内净高$+l_{aE}-90°$外皮差值$-(d+30)$
					短筋$=$顶层室内净高$-0.2l_{aE}-500-(d+30)-90°$外皮差值

表3-8　剪力墙构造边缘暗柱中、底层竖向钢筋计算公式　　　　mm

抗震等级	连接方法	钢筋直径	钢筋级别	计算公式
一、二级抗震	搭接	$d\leqslant28$	HPB300 级	层高$+1.2l_{aE}+6.25d$
			HRB335、HRB400 级	层高$+1.2l_{aE}$

表3-9　剪力墙构造边缘暗柱基础插筋计算公式　　　　单位：mm

抗震等级	连接方法	钢筋直径	钢筋级别	计算公式
一、二级抗震	搭接	$d\leqslant28$	HPB300 级	长筋$=2.4l_{aE}+500+$基础构件厚$+12d+6.25d$
				短筋$=1.2l_{aE}+$基础构件厚$+12d+6.25d$
			HRB335、HRB400 级	长筋$=1.2l_{aE}+$基础构件厚$+12d-1$个保护层厚$-90°$外皮差值
				短筋$=2.4l_{aE}+500+$基础构件厚$+12d-90°$外皮差值

3.2.2.3　基础层插筋计算

墙柱基础插筋连接构造如图3-39、图3-40所示。

计算方法为：

$$插筋长度＝插筋锚固长度＋基础外露长度 \tag{3-88}$$

3.2.2.4　中间层纵筋计算

中间层纵筋连接构造如图3-41、图3-42所示，计算方法如下。

绑扎连接时：

$$纵筋长度＝中间层层高＋1.2l_{aE} \tag{3-89}$$

机械连接时：

$$纵筋长度＝中间层层高 \tag{3-90}$$

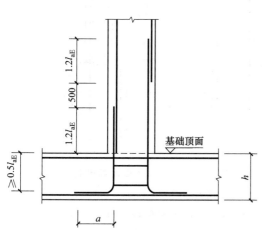

图 3-39 墙柱基础插筋绑扎连接构造

l_{aE}—受拉钢筋抗震锚固长度；a—钢筋弯钩长度；h—梁高

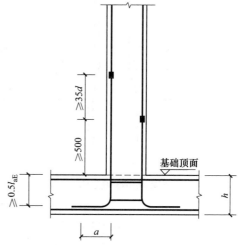

图 3-40 墙柱基础插筋机械连接构造

l_{aE}—受拉钢筋抗震锚固长度；a—钢筋弯钩长度；

h—梁高；d—钢筋直径

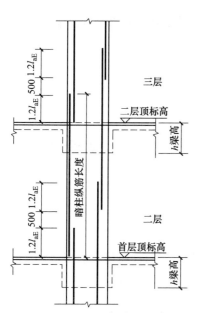

图 3-41 墙柱中间层纵筋绑扎连接构造

l_{aE}—受拉钢筋抗震锚固长度；h—梁高

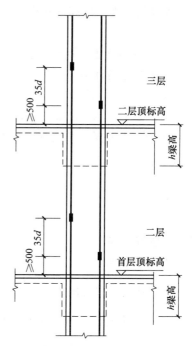

图 3-42 墙柱中间层纵筋机械连接构造

d—钢筋直径；h—梁高

3.2.2.5 变截面纵筋计算

剪力墙柱变截面纵筋的锚固形式如图 3-43 所示，包括倾斜锚固与当前锚固加插筋两种形式。

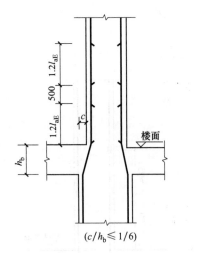
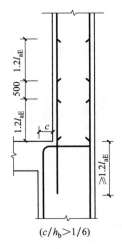
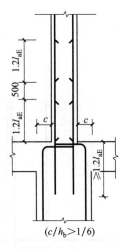

(a) 变截面钢筋绑扎连接(一)　(b) 变截面钢筋绑扎连接(二)　(c) 变截面钢筋绑扎连接(三)

图 3-43　剪力墙变截面纵筋锚固形式

l_{aE}—受拉钢筋抗震锚固长度；c—侧面错台的宽度；h_b—框架梁的截面高度

倾斜锚固钢筋长度计算方法：

$$变截面处纵筋长度＝层高＋斜度延伸长度＋1.2l_{aE} \tag{3-91}$$

当前锚固钢筋和插筋长度计算方法：

$$当前锚固纵筋长度＝层高－非连接区长度－板保护层厚＋下墙柱柱宽－2×墙柱保护层厚 \tag{3-92}$$

$$变截面上层插筋长度＝锚固长度1.5l_{aE}＋非连接区长度＋1.2l_{aE} \tag{3-93}$$

3.2.2.6　墙柱箍筋计算

（1）基础插筋箍筋根数

$$根数＝（基础高度－基础保护层厚）/500＋1 \tag{3-94}$$

（2）底层、中间层、顶层箍筋根数

绑扎连接时：

$$根数＝（2.4l_{aE}＋500－50）/加密间距＋（层高－搭接范围）/间距＋1 \tag{3-95}$$

机械连接时：

$$根数＝（层高－50）/箍筋间距＋1 \tag{3-96}$$

3.2.2.7　拉筋计算

（1）基础拉筋根数

$$基础层拉筋根数＝\left(\frac{基础高度－基础保护层厚}{500}＋1\right)×每排拉筋根数 \tag{3-97}$$

（2）底层、中间层、顶层拉筋根数

$$基础拉筋根数＝\left(\frac{层高－50}{间距}＋1\right)×每排拉筋根数 \tag{3-98}$$

3.2.3　剪力墙梁钢筋计算

3.2.3.1　剪力墙连梁钢筋下料

单、双洞口连梁水平分布钢筋如图 3-44 所示。

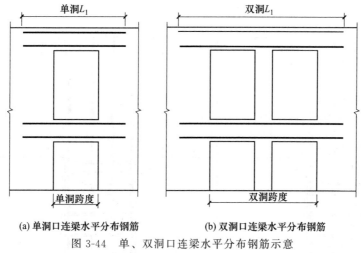

(a) 单洞口连梁水平分布钢筋　　(b) 双洞口连梁水平分布钢筋

图 3-44　单、双洞口连梁水平分布钢筋示意

L_1—外皮间尺寸

单洞口连梁钢筋计算公式：

$$单洞 L_1 = 单洞跨度 + 2 \times \max(l_{aE}, 600) \tag{3-99}$$

双洞口连梁钢筋计算公式：

$$双洞 L_1 = 双洞跨度 + 2 \times \max(l_{aE}, 600) \tag{3-100}$$

需要注意的是，双洞跨度不是两个洞口加在一起的长度，而是连在一起不扣除两洞口之间距离的总长度，且上、下钢筋长度均相等。

3.2.3.2　剪力墙单洞口连梁钢筋计算

当洞口两侧水平段长度不能满足连梁纵筋直锚长度 $\geqslant \max\left[l_{aE}(l_a), 600\right]$ 的要求时，可采用弯锚形式，连梁纵筋伸至墙外侧纵筋内侧弯锚，竖向弯折长度为 $15d$（d 为连梁纵筋直径），如图 3-45 所示。

中间层单洞口连梁钢筋计算方法：

$$连梁纵筋长度 = 左锚固长度 + 洞口长度 + 右锚固长度 \tag{3-101}$$

$$箍筋根数 = \frac{洞口宽度 - 2 \times 50}{间距} + 1 \tag{3-102}$$

顶层单洞口连梁钢筋计算方法：

$$连梁纵筋长度 = 左锚固长度 + 洞口长度 + 右锚固长度 \tag{3-103}$$

$$箍筋根数 = 左墙肢内箍筋根数 + 洞口上箍筋根数 + 右墙肢内箍筋根数$$

$$= \frac{左侧锚固长度水平段 - 100}{150} + 1 + \frac{洞口宽度 - 2 \times 50}{间距} + 1 \tag{3-104}$$

$$= \frac{右侧锚固长度水平段 - 100}{150} + 1$$

【例 3-3】　试计算墙端部洞口连梁的钢筋下料尺寸（上、下钢筋计算方法相同）。已知某抗震二级剪力墙端部洞口连梁，钢筋级别为 HRB335 级钢筋，直径 $d = 24\text{mm}$，混凝土强度等级为 C30，跨度为 2m。

【解】　已知 C30 二级抗震，HRB335 级钢筋。

$l_{aE} = 33d = 33 \times 24 = 792$（mm）$> 600\text{mm}$

故取 l_{aE} 值为 792mm。

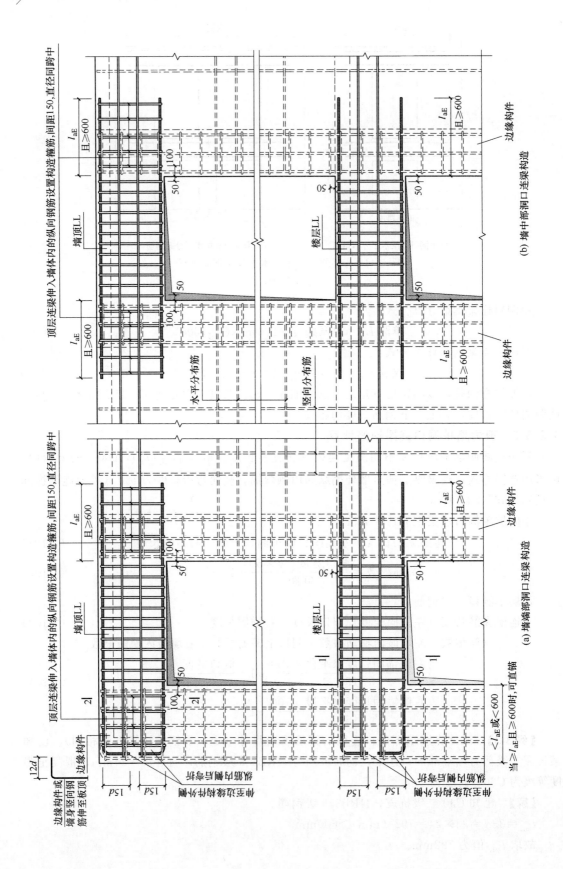

(a) 墙端部洞口连梁构造

(b) 墙中部洞口连梁构造

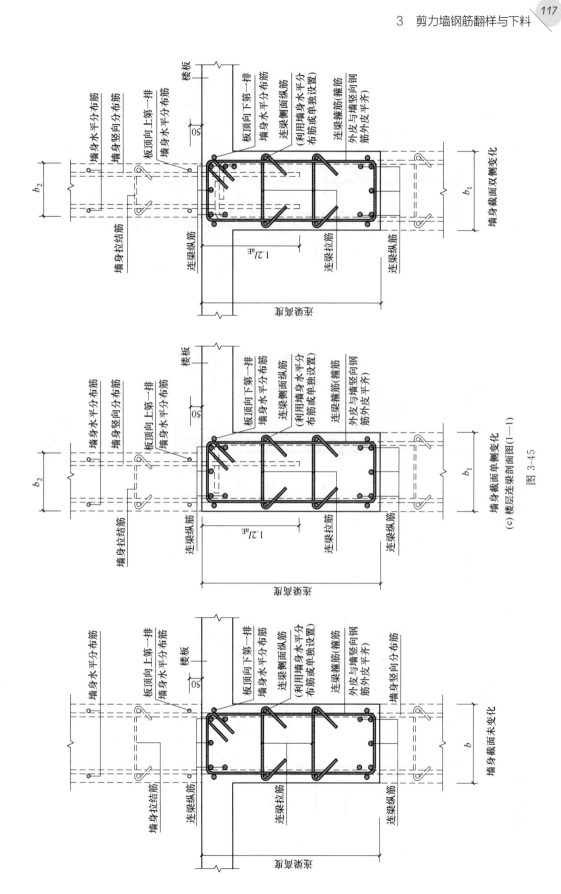

图 3-45

(c) 楼层连梁剖面图(1—1)

(d) 跨层连梁剖面图(1—1)

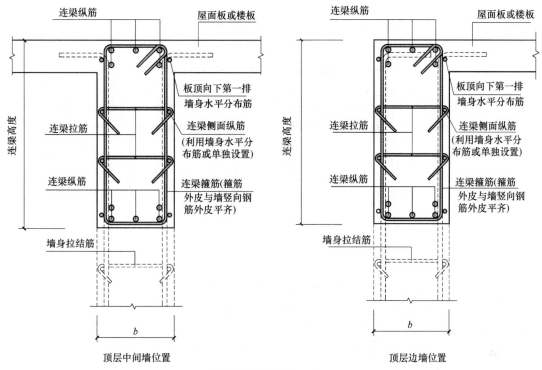

(e) 顶层连梁剖面图(2—2)

图 3-45　剪力墙单洞口连梁钢筋排布构造

b、b_1、b_2—墙厚；l_{aE}—受拉钢筋抗震锚固长度；d—钢筋直径

$L_1 =$ 跨度总长 $+0.4l_{aE}+l_{aE}=2000+0.4\times792+792=3108.8$（mm）

$L_2 =15d=15\times24=360$（mm）

总下料长度 $=L_1+L_2-90°$外皮差值 $=3108.8+360-2.931\times24\approx3398$（mm）

3.2.3.3　剪力墙双洞口连梁钢筋计算

当两洞口的洞间墙长度不能满足两侧连梁纵筋直锚长度 $\min[l_{aE}(l_a)，1200]$ 的要求时，可采用双洞口连梁，如图 3-46 所示。其构造要求为：连梁上部、下部、侧面纵筋连续通过洞间墙，上下部纵筋锚入剪力墙内的长度要求为 $\max(l_{aE}，600)$。

中间层双洞口连梁钢筋计算方法：

$$连梁纵筋长度 = 左锚固长度 + 两洞口宽度 + 洞口墙宽度 + 右锚固长度 \quad (3\text{-}105)$$

$$箍筋根数 = \frac{洞口1宽度-2\times50}{间距}+1+\frac{洞口2宽度-2\times50}{间距}+1 \quad (3\text{-}106)$$

顶层双洞口连梁钢筋计算方法：

$$连梁纵筋长度 = 左锚固长度 + 两洞口宽度 + 洞间墙宽度 + 右锚固长度 \quad (3\text{-}107)$$

$$箍筋根数 = \frac{左锚固长度-100}{150}+1+\frac{两洞口宽度+洞间墙-2\times50}{间距}+1+\frac{右锚固长度-100}{150}+1$$

$$(3\text{-}108)$$

3.2.3.4　剪力墙连梁拉筋根数计算

剪力墙连梁拉筋根数计算方法为每排根数×排数，即：

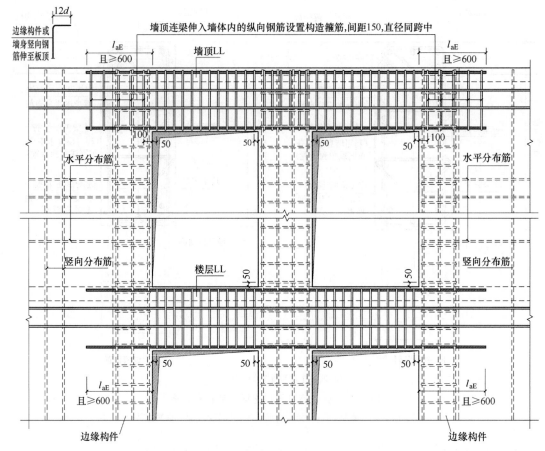

图 3-46 双洞口连梁钢筋排布构造

l_{aE}—受拉钢筋抗震锚固长度；d—钢筋直径

$$拉筋根数 = \left(\frac{连梁净宽-2\times50}{箍筋间距\times2}+1\right)\times\left(\frac{连梁高度-2\times保护层}{水平筋间距\times2}+1\right) \quad (3-109)$$

（1）剪力墙连梁拉筋的分布 竖向：连梁高度范围内，墙梁水平分布筋排数的一半，隔一拉一；横向：横向拉筋间距为连梁箍筋间距的 2 倍。

（2）剪力墙连梁拉筋直径的确定 梁宽≤350mm，拉筋直径为 6mm；梁宽＞350mm，拉筋直径为 8mm。

4

楼板钢筋翻样与下料

4.1 楼板钢筋排布构造

4.1.1 楼板屋面板钢筋排布构造

4.1.1.1 楼板、屋面板下部钢筋排布构造

楼板、屋面板下部钢筋排布构造如图 4-1 所示。

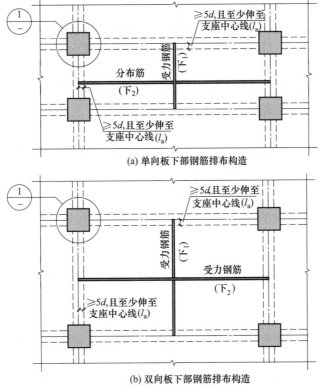

(a) 单向板下部钢筋排布构造

(b) 双向板下部钢筋排布构造

图 4-1

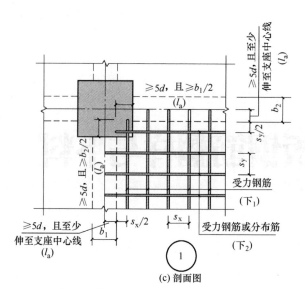

(c) 剖面图

图 4-1　楼板、屋面板下部钢筋排布构造

d—钢筋直径；l_a—受拉钢筋锚固长度；

b_1、b_2—在轴线左右两边的宽度；s_x、s_y—受力钢筋或分布筋的设定间距

（1）图 4-1 中板支座均按梁绘制，当板支座为混凝土剪力墙时，板下部钢筋排布构造相同。

（2）双向板下部双向交叉钢筋上、下位置关系应按具体设计说明排布；当设计未说明时，短跨方向钢筋应置于长跨方向钢筋之下。

（3）当下部受力钢筋采用 HPB300 级时，其末端应做 180°弯钩。

（4）图 4-1 中括号内的锚固长度适用于以下情形。

① 在梁板式转换层的板中，受力钢筋伸入支座的锚固长度应为 l_{aE}。

② 当连续板内温度、收缩应力较大时，板下部钢筋伸入支座锚固长度应按设计要求；当设计未指定时，取为 l_a。

（5）当下部贯通筋兼作抗温度钢筋时，其在支座的锚固由设计指定。

4.1.1.2　楼板、屋面板上部钢筋排布构造

楼板、屋面板上部钢筋排布构造如图 4-2 所示。

（1）图 4-2 中板支座均按梁绘制，当支座为混凝土剪力墙时，板上部钢筋排布规则相同。

（2）抗温度、收缩应力构造钢筋自身及其与受力主筋搭接长度为 l_l。

（3）分布筋自身及与受力主筋、构造钢筋的搭接长度为 150mm；当分布筋兼作抗温度、收缩应力构造钢筋时，其自身及与受力主筋、构造钢筋的搭接长度为 l_l；其在支座中的锚固按受拉要求考虑。

（4）双向或单向连续板中间支座上部贯通纵筋不应在支座位置连接或分别锚固。

（5）当相邻两跨板的上部贯通纵筋配置相同，且跨中部位有足够空间连接时，可在两跨任意一跨的跨中连接部位进行连接；当相邻两跨的上部贯通纵筋配置不同时，应将配置较大者越过其标注的跨数终点或起点伸至相邻跨的跨中连接区域连接。

（6）当板的上部已配置有贯通纵筋，但需增配板支座上部非贯通纵筋时，应结合已配置的同向贯通纵筋的直径与间距采取"隔一布一"方式。

（7）抗温度、收缩应力构造钢筋可利用原有钢筋贯通布置，也可另行设置钢筋与原有钢筋按受拉钢筋的要求搭接或在周边构件中锚固。板上、下贯通纵筋可兼作抗温度、收缩应力构造钢筋。

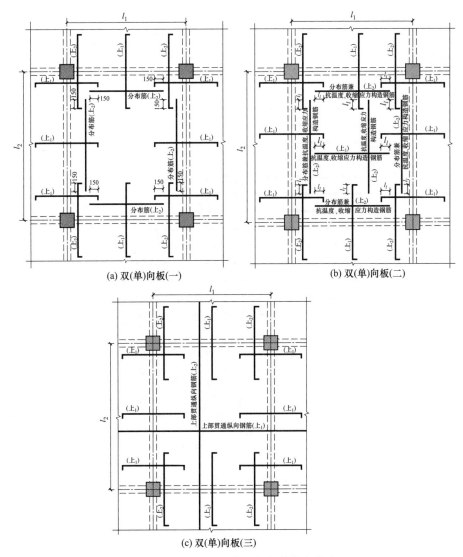

图 4-2　楼板、屋面板上部钢筋排布构造

l_1、l_2—板上部钢筋轴线长度、宽度；l_l—纵向受拉钢筋搭接长度

4.1.2　悬挑板钢筋排布构造

4.1.2.1　悬挑板阴角钢筋排布构造

悬挑板阴角上部钢筋排布构造如图 4-3 所示，下部钢筋排布构造如图 4-4 所示。

（1）板分布筋自身及与受力主筋、构造钢筋的搭接长度为 150mm；当分布筋兼作抗温度、收缩应力构造钢筋时，其自身与受力主筋、构造钢筋的搭接长度为 l_l；其在支座的锚固按受拉要求考虑。

（2）当采用抗温度、收缩应力构造钢筋时，其自身及与受力主筋搭接长度为 l_l。

4.1.2.2　悬挑板阳角钢筋排布构造

（1）悬挑板阳角类型 A　悬挑板阳角类型 A 上部钢筋排布构造如图 4-5 所示，下部钢筋排布构造如图 4-6 所示。

① 板分布筋自身及与受力主筋、构造钢筋的搭接长度为 150mm；当分布筋兼作抗温度、收缩应力构造钢筋时，其自身与受力主筋、构造钢筋的搭接长度为 l_l；其在支座的锚固按受拉要求考虑。

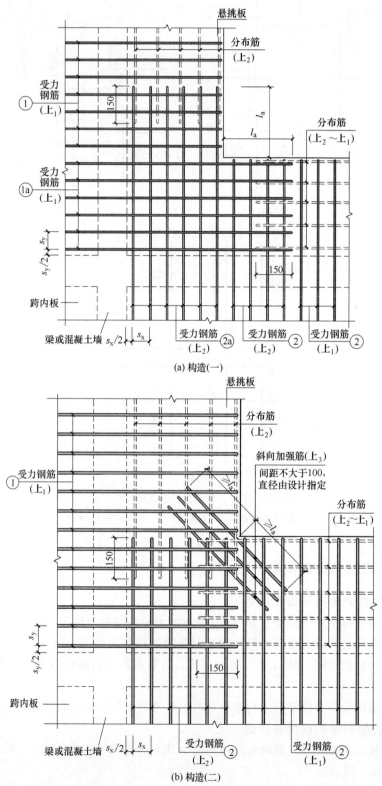

(a) 构造(一)

(b) 构造(二)

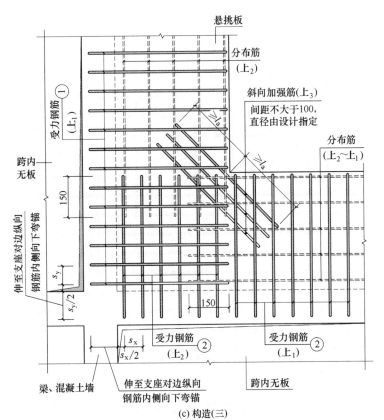

(c) 构造(三)

图 4-3 悬挑板阴角上部钢筋排布构造

s_x、s_y—受力钢筋或分布筋的设定间距；l_a—受拉钢筋锚固长度

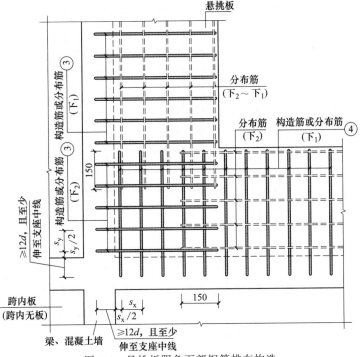

图 4-4 悬挑板阴角下部钢筋排布构造

s_x、s_y—受力钢筋或分布筋的设定间距；d—钢筋直径

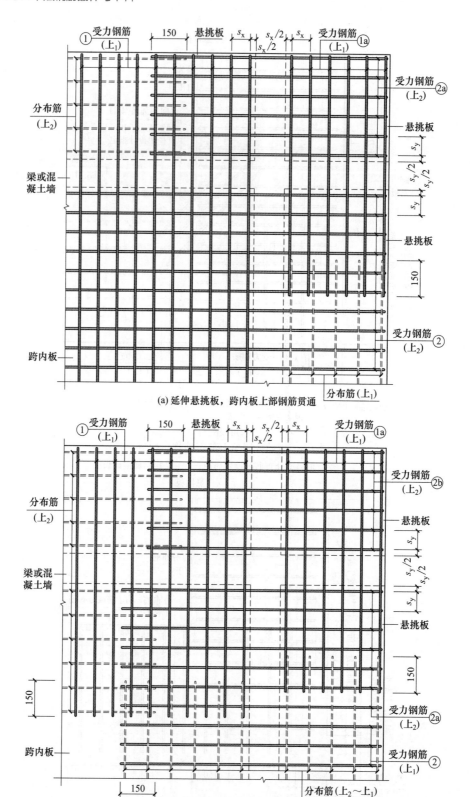

(a) 延伸悬挑板，跨内板上部钢筋贯通

(b) 延伸悬挑板，跨内板上部钢筋不贯通

图 4-5 悬挑板阳角类型 A 上部钢筋排布构造

s_x、s_y—受力钢筋或分布筋的设定间距

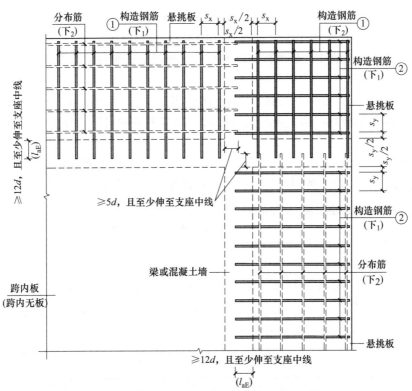

图 4-6 悬挑板阳角类型 A、B 下部钢筋排布构造

s_x、s_y—受力钢筋或分布筋的设定间距；d—钢筋直径；l_{aE}—受拉钢筋抗震锚固长度

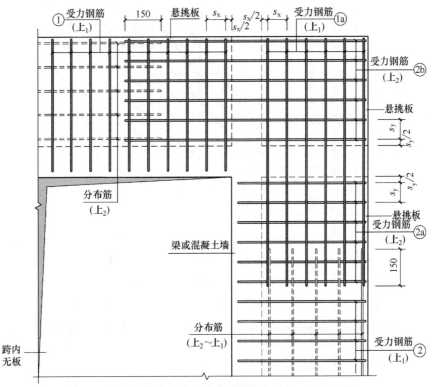

图 4-7 悬挑板阳角类型 B 上部钢筋排布构造（纯悬挑梁）

s_x、s_y—受力钢筋或分布筋的设定间距

② 当采用抗温度、收缩应力构造钢筋时，其自身及与受力主筋搭接长度为 l_l。

③ 括号内数值用于需要考虑竖向地震作用时，由设计指定。

（2）悬挑板阳角类型 B　悬挑板阳角类型 B 上部钢筋排布构造如图 4-7 所示，下部钢筋排布构造如图 4-6 所示。

① 板分布筋自身及与受力主筋、构造钢筋的搭接长度为 150mm；当分布筋兼作抗温度、收缩应力构造钢筋时，其自身与受力主筋、构造钢筋的搭接长度为 l_l；其在支座的锚固按受拉要求考虑。

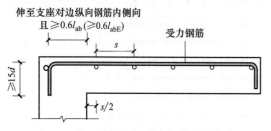

图 4-8　纯悬挑梁上部受力钢筋在支座内
弯折锚固构造详图

l_{ab}—受拉钢筋基本锚固长度；l_{abE}—抗震设计时受拉钢筋基本锚固长度；d—钢筋直径；s—所对应板钢筋间距

② 当采用抗温度、收缩应力构造钢筋时，其自身及与受力主筋搭接长度为 l_l。

③ 纯悬挑梁上部受力钢筋在支座内弯折锚固构造详图如图 4-8 所示，其中括号内数值用于需要考虑竖向地震作用时，由设计指定。

（3）悬挑板阳角类型 C　悬挑板阳角类型 C 上部钢筋排布构造如图 4-9 所示，上部放射钢筋构造如图 4-10 所示，下部钢筋排布构造如图 4-11 所示。

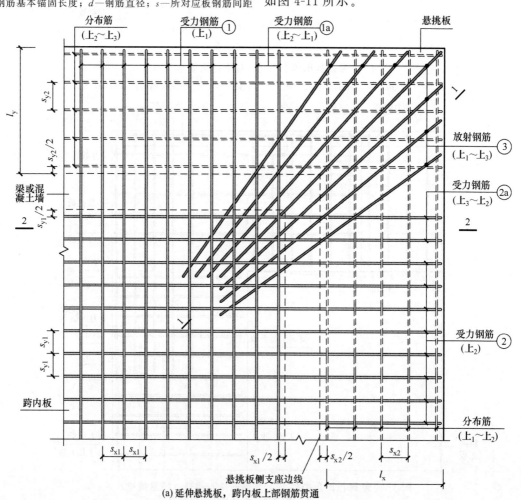

(a) 延伸悬挑板，跨内板上部钢筋贯通

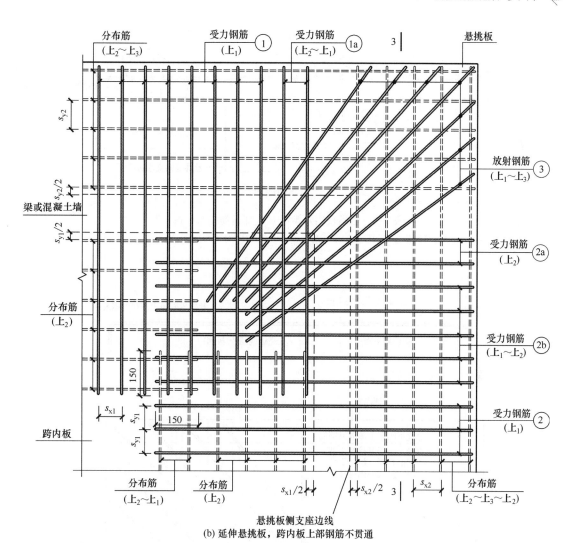

(b) 延伸悬挑板，跨内板上部钢筋不贯通

图 4-9

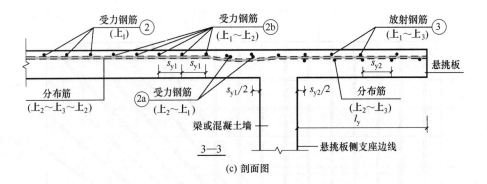

(c) 剖面图

图 4-9 悬挑板阳角类型 C 上部钢筋排布构造

s_x、s_y—受力钢筋或分布筋的设定间距；l_x、l_y—x、y 方向的悬挑长度；l_a—受拉钢筋锚固长度

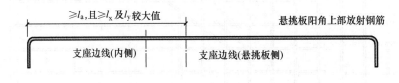

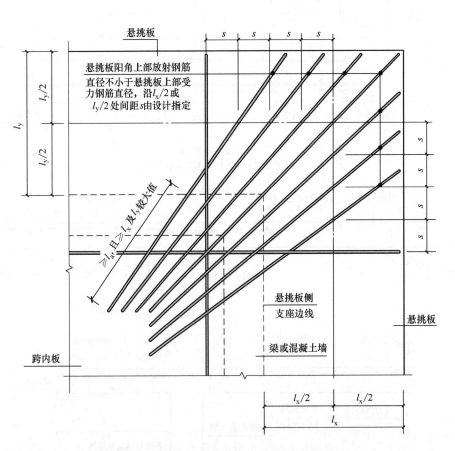

图 4-10 悬挑板阳角类型 C 上部放射钢筋构造

s—所对应板钢筋间距；l_x、l_y—x、y 方向的悬挑长度；l_a—受拉钢筋锚固长度

① 悬挑板外转角位置放射钢筋③位于上$_1$层，在支座和跨内（图 4-9 中表示为悬挑板侧支座边线以内）向下斜弯到悬挑板阳角所有上部钢筋之下至上$_3$层。

② 图 4-9 中受力钢筋的上$_2$～上$_1$表示钢筋在悬挑板悬挑部位为上$_2$层、在支座和跨内位置斜弯至上$_1$层，弯折起始点为悬挑板侧支座边线。

③ 分布钢筋的上$_1$～上$_2$表示与放射钢筋相交位置由上$_1$层弯折至上$_2$层。

（4）悬挑板阳角类型 D　悬挑板阳角类型 D 上部钢筋排布构造如图 4-12 所示，上部放射钢筋构造如图 4-13 所示，下部钢筋排布构造如图 4-11 所示。

① 悬挑板外转角位置放射钢筋③位于上$_1$层，在支座（图 4-12 中表示为悬挑板侧支座边线以内）向下斜弯到悬挑板阳角所有上部钢筋之下至上$_3$层。

② 图 4-12 中受力钢筋的上$_2$～上$_1$表示钢筋在悬挑板悬挑部位为上$_2$层、在支座位置斜弯至上$_1$层，弯折起始点为悬挑板侧支座边线。

③ 分布钢筋的上$_2$～上$_3$表示与放射钢筋相交位置由上$_2$层弯折至上$_3$层。

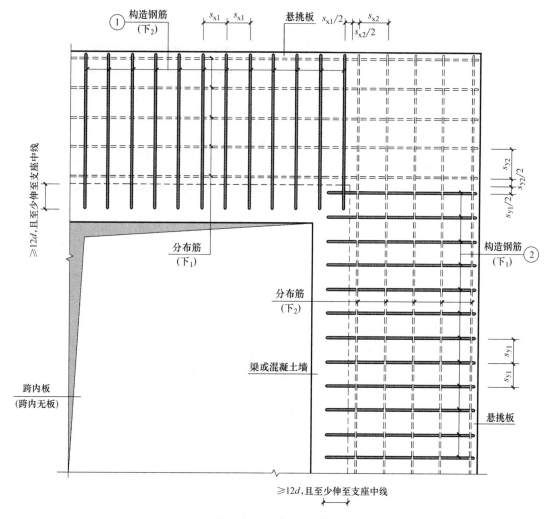

图 4-11　悬挑板阳角类型 C、D 下部钢筋排布构造

s_x、s_y—受力钢筋或分布筋的设定间距；d—钢筋直径

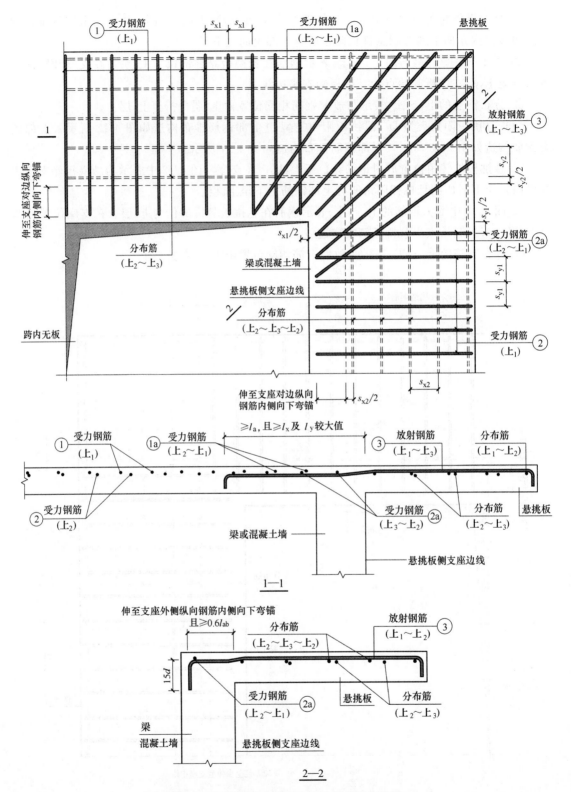

图 4-12　悬挑板阳角类型 D 上部钢筋排布构造

s_x、s_y—受力钢筋或分布筋的设定间距；l_x、l_y—x、y 方向的悬挑长度；

l_a—受拉钢筋锚固长度；l_{ab}—受拉钢筋基本锚固长度；d—钢筋直径

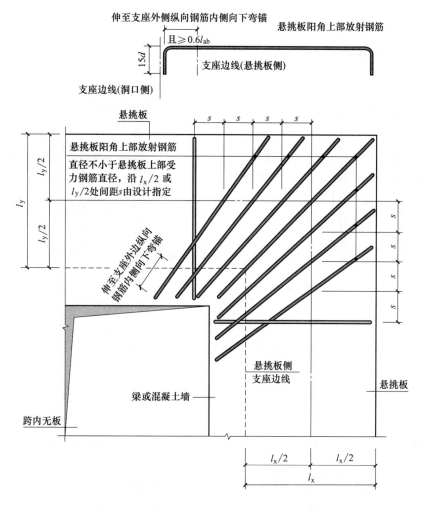

图 4-13　悬挑板阳角类型 D 上部放射钢筋构造

s—所对应板钢筋间距；l_x、l_y—x、y 方向的悬挑长度；

l_{ab}—受拉钢筋基本锚固长度；d—钢筋直径

4.1.3　柱上板带与跨中板带端支座连接节点构造

4.1.3.1　柱上板带端支座连接节点构造

柱上板带与剪力墙连接节点构造如图 4-14 所示，柱上板带与边框梁、中间层柱连接节点构造如图 4-15 所示。

（1）当锚固钢筋的保护层厚度不大于 $5d$ 时，锚固钢筋长度范围内应设置横向构造钢筋，其直径不应小于 $d/4$（d 为锚固钢筋的最大直径），间距不应大于 $10d$，且均不应大于 100mm（d 为锚固钢筋的最小直径）。

（2）图 4-14（b）中，板纵筋在支座部位的锚固长度范围内保护层厚度不大于 $5d$ 时，与其交叉的另一个方向纵筋间距需满足锚固区横向钢筋的要求；如不满足，应补充锚固区附加横向钢筋。

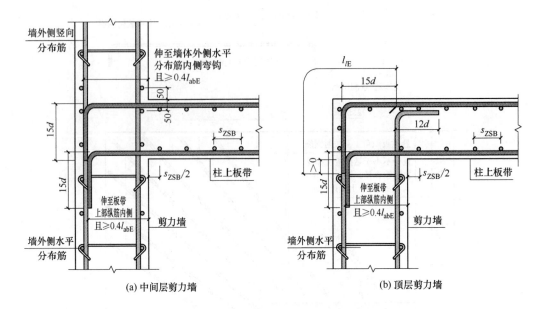

图 4-14　柱上板带与剪力墙连接节点构造

s_{ZSB}—柱上板带的钢筋间距；d—钢筋直径；

l_{abE}—抗震设计时受拉钢筋基本锚固长度；l_{lE}—纵向受拉钢筋抗震搭接长度

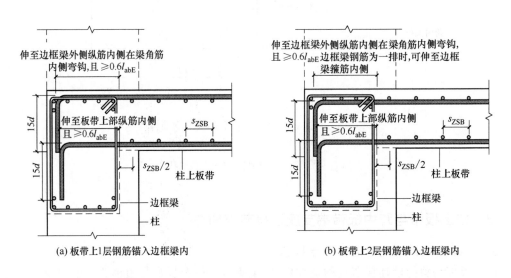

图 4-15　柱上板带与边框梁、中间层柱连接节点构造

s_{ZSB}—柱上板带的钢筋间距；d—钢筋直径；l_{abE}—抗震设计时受拉钢筋基本锚固长度

4.1.3.2　跨中板带端支座连接节点构造

跨中板带与剪力墙连接节点构造如图 4-16 所示，跨中板带与边框梁连接节点构造如图 4-17 所示。

（1）当锚固钢筋的保护层厚度不大于 $5d$ 时，锚固钢筋长度范围内应设置横向构造钢筋，其直径不应小于 $d/4$（d 为锚固钢筋的最大直径），间距不应大于 $10d$，且均不应大于 100mm（d 为锚固钢筋的最小直径）。

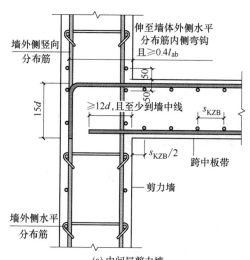

(a) 中间层剪力墙

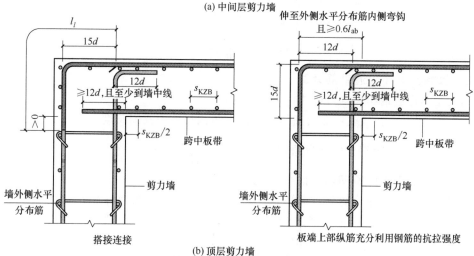

(b) 顶层剪力墙

图 4-16　跨中板带与剪力墙连接节点构造

s_{KZB}—跨中板带的钢筋间距；d—钢筋直径；

l_{ab}—受拉钢筋基本锚固长度；l_l—纵向受拉钢筋搭接长度

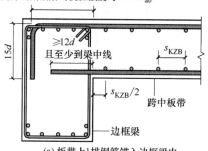

(a) 板带上1排钢筋锚入边框梁内

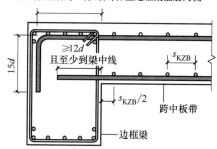

(b) 板带上2排钢筋锚入边框梁内

图 4-17　跨中板带与边框梁连接节点构造

s_{KZB}—跨中板带的钢筋间距；d—钢筋直径；l_{ab}—受拉钢筋基本锚固长度

（2）图 4-16（b）中，板纵筋在支座部位的锚固长度范围内保护层厚度不大于 $5d$ 时，与其交叉的另一个方向纵筋间距需满足锚固区横向钢筋的要求；如不满足，应补充锚固区附加横向钢筋。

（3）图中"设计按铰接时""充分利用钢筋的抗拉强度时"由设计方指定。

4.2 楼板钢筋翻样与下料方法

4.2.1 板上部钢筋计算

4.2.1.1 板上部贯通钢筋计算

板上部贯通钢筋的长度与根数计算方法为：

$$贯通钢筋长度＝板净跨长度＋锚固长度 \tag{4-1}$$

$$贯通钢筋根数＝\frac{布筋范围}{板筋间距}＋1 \tag{4-2}$$

4.2.1.2 板端支座非贯通钢筋计算

板端支座非贯通钢筋长度与根数计算方法为：

$$板端支座非贯通钢筋长度＝板内尺寸＋锚固长度 \tag{4-3}$$

$$板端支座非贯通钢筋根数＝\frac{布筋范围}{板筋间距}＋1 \tag{4-4}$$

4.2.1.3 板端支座非贯通钢筋中的分布钢筋计算

板端支座非贯通钢筋中的分布钢筋如图 4-18 所示，长度和根数计算方法为：

$$长度＝板轴线长度－左右负筋标注长度＋150×2 \tag{4-5}$$

$$根数＝\frac{负弯矩钢筋板内净长}{分布筋间距}＋1 \tag{4-6}$$

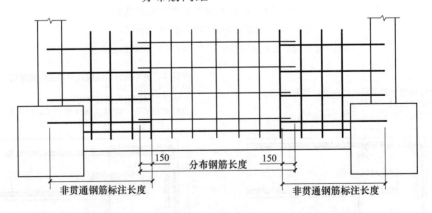

图 4-18　板端支座非贯通钢筋中的分布钢筋

4.2.1.4 板中间支座非贯通钢筋计算

板中间支座非贯通钢筋如图 4-19 所示，长度和根数计算方法如下。

$$板中间支座非贯通钢筋长度＝标注长度A＋标注长度B＋弯折长度×2 \tag{4-7}$$

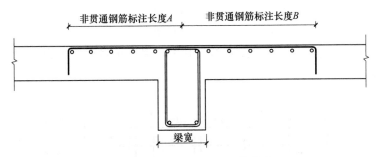

图 4-19 板中间支座非贯通钢筋布置

A、B—非贯通钢筋标注长度

$$板中间支座非贯通钢筋根数 = \frac{净跨 - 2 \times 50}{板筋间距} + 1 \qquad (4-8)$$

4.2.1.5 板中间支座非贯通钢筋中的分布钢筋计算

板中间支座非贯通钢筋中的分布钢筋长度和根数计算方法为：

$$长度 = 轴线长度 - 左右负筋标注长度 + 150 \times 2 \qquad (4-9)$$

$$根数 = \frac{布筋范围1}{分布筋间距} + 1 + \frac{布筋范围2}{分布筋间距} + 1 \qquad (4-10)$$

【例 4-1】 LB2 平法施工图，见图 4-20。其中四周梁宽 300mm，混凝土强度等级为 C30，抗震等级为一级。

试求 LB2 的板顶筋。

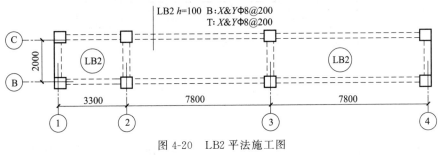

图 4-20 LB2 平法施工图

h—板厚

【解】 （1） $X \phi 8@200$

① 端支座锚固长度 $= 30d = 30 \times 8 = 240$（mm）

总长 $=$ 净长 $+$ 端支座锚固 $= 3300 + 2 \times 7800 - 300 + 2 \times 300 = 19200$（mm）

接头个数 $= 19200/9000 - 1 = 2$（个）

② 根数 $=$（钢筋布置范围长度 $-$ 两端起步距离）/间距 $+ 1 = (2000 - 300 - 2 \times 100)/200 + 1 = 9$（根）

（2） $Y \phi 8@200$

① 端支座锚固长度 $= 30d = 30 \times 8 = 240$（mm）

总长 $=$ 净长 $+$ 端支座锚固 $= 2000 - 300 + 2 \times 300 = 2300$（mm）

接头个数 $= 19200/9000 - 1 = 2$（个）

② 根数 $=$（钢筋布置范围长度 $-$ 两端起步距离）/间距 $+ 1$

1—2 轴 $= (3300 - 300 - 2 \times 100)/200 + 1 = 15$（根）

2—3 轴＝(7800－300－2×100)/200＋1＝38（根）

3—4 轴＝(7800－300－2×100)/200＋1＝38（根）

【例 4-2】 LB5 平法施工图，见图 4-21。其中，混凝土强度等级为 C30，抗震等级为一级。试求 LB5 的板顶筋。

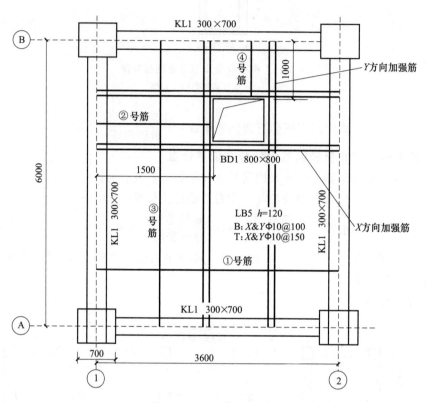

图 4-21 LB5 平法施工图

h—板厚

【解】 由混凝土强度等级 C30 和一级抗震可知：梁钢筋混凝土保护层厚度 $c_梁＝20mm$，板钢筋混凝土保护层厚度 $c_板＝15mm$。

(1) ①号板顶筋长度＝净长＋端支座锚固长度

由于支座宽－$c_梁＝300－20＝280$（mm）<$l_{aE}[35×10＝350(mm)]$，故采用弯锚形式。

总长＝3600－300＋2×(300－20＋15×10)＝4160（mm）

(2) ②号板顶筋（右端在洞边下弯）长度＝净长＋左端支座锚固长度＋右端下弯长度

由于支座宽－$c_梁＝300－20＝280$（mm）<$l_{aE}[35×10＝350(mm)]$，故采用弯锚形式。

右端下弯长度＝120－2×15＝90（mm）

总长＝(1500－150－15)＋300－20＋15×10＋90＝1855（mm）

(3) ③号板顶筋长度＝净长＋端支座锚固长度＋弯钩长度

端支座弯锚长度＝300－20＋15×10＝430（mm）

总长＝6000－300＋2×430＝6580（mm）

(4) ④号板顶筋（下端在洞边下弯）长度＝净长＋上端支座锚固长度＋下端下弯长度

端支座弯锚长度＝300－20＋15×10＝430（mm）

下端下弯长度＝120－2×15＝90（mm）

总长＝（1000－150－20）＋430＋90＝1350（mm）

（5）X 方向洞口加强筋：同①号筋。

（6）Y 方向洞口加强筋：同③号筋。

4.2.2　板下部钢筋计算

板下部钢筋计算示意（包括 X 向和 Y 向钢筋）如图 4-22 和图 4-23 所示，长度和根数的计算方法为：

$$下部钢筋长度＝板净跨＋左锚固长度＋右锚固长度＋2×弯钩长度 \qquad (4-11)$$

$$下部钢筋根数＝（板净跨－2×50）/板筋间距＋1 \qquad (4-12)$$

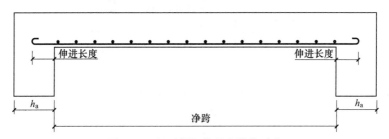

图 4-22　板下部钢筋长度计算示意

h_a—梁宽

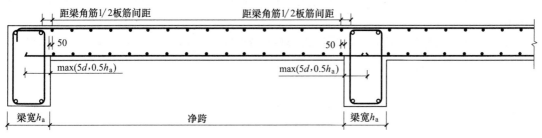

图 4-23　板下部钢筋根数计算示意

h_a—梁宽；d—钢筋直径

【例 4-3】　LB1 平法施工图，见图 4-24。其中，混凝土强度等级为 C30，抗震等级为一级。试求 LB1 的板底筋。

【解】　由题可知，板保护层厚度 c＝15mm，梁保护层厚度＝20mm，起步距离＝1/2 钢筋间距。

（1）B—C 轴（h_b＝400）

① $X \phi 8@150$。

端支座锚固长度＝max（$h_b/2$，$5d$）＝max(200，5×8)＝200（mm）

180°弯钩长度＝6.25d

总长＝净长＋端支座锚固长度＋弯钩长度＝4000－400＋2×200＋2×6.25×8＝4100（mm）

根数＝（钢筋布置范围长度－起步距离）/间距＋1＝(3500－400－150)/150＋1＝21（根）

② $Y \phi 8@200$。

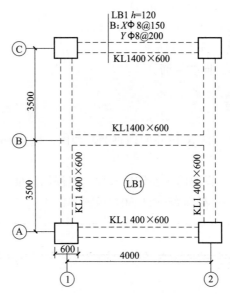

图 4-24　LB1 平法施工图

h—板厚

端支座锚固长度＝max$(h_b/2, 5d)$＝max$(200, 5×8)$＝200（mm）

180°弯钩长度＝6.25d

总长＝净长＋端支座锚固长度＋弯钩长度＝3500－400＋2×200＋2×6.25×8＝3600（mm）

根数＝（钢筋布置范围长度－起步距离）/间距＋1＝（4000－400－2×100）/200＋1＝18（根）

（2）A—B轴（h_b＝400）

① X Φ8@150。

端支座锚固长度＝max$(h_b/2, 5d)$＝max$(200, 5×8)$＝200（mm）

180°弯钩长度＝6.25d

总长＝净长＋端支座锚固长度＋弯钩长度＝4000－400＋2×200＋2×6.25×8＝4100（mm）

根数＝（钢筋布置范围长度－起步距离）/间距＋1＝（3500－400－150）/150＋1＝21（根）

② Y Φ8@200。

端支座锚固长度＝max$(h_b/2, 5d)$＝max$(200, 5×8)$＝200（mm）

180°弯钩长度＝6.25d

总长＝净长＋端支座锚固长度＋弯钩长度＝3500－400＋2×200＋2×6.25×8＝3600（mm）

根数＝（钢筋布置范围长度－起步距离）/间距＋1＝（4000－400－2×100）/200＋1＝18（根）

4.2.3　板温度钢筋计算

4.2.3.1　温度钢筋长度计算

温度筋长度＝轴线长度－负筋标注长度×2＋150×2　　　　　　　　　　（4-13）

温度筋设置：在温度收缩应力较大的现浇板内，应在板的未配筋表面布置温度筋，如图

4-25 所示。

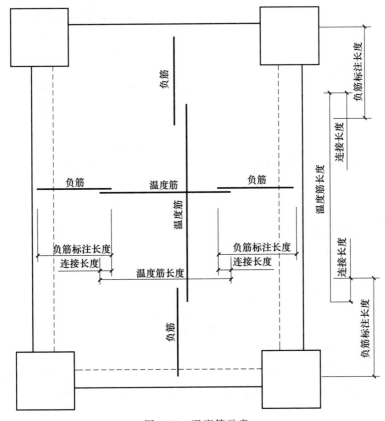

图 4-25 温度筋示意

温度筋作用：抵抗温度变化在现浇板内引起的约束拉应力和混凝土收缩应力，有助于减少板内裂缝。结构在温度变化或混凝土收缩下的内力不一定是简单的拉力，也可能是压力、弯矩和剪力或者是复杂的组合内力。

$$温度筋长度＝轴线长度－负筋标注长度×2＋2×1.2l_a＋2×弯钩尺寸 \qquad (4-14)$$

式中，l_a 为受拉钢筋锚固长度。

4.2.3.2 温度钢筋根数计算

$$温度钢筋根数＝(轴线长度－负筋标注长度×2)/分布筋间距－1 \qquad (4-15)$$

4.2.4 纯悬挑板钢筋计算

4.2.4.1 纯悬挑板上部受力钢筋计算

纯悬挑板上部受力钢筋如图 4-26 所示。

（1）上部受力钢筋长度的计算公式

$$上部受力钢筋长度＝锚固长度＋水平段长度＋(板厚－保护层厚×2＋5d) \qquad (4-16)$$

注：当为一级钢筋时需要增加一个 180° 弯钩长度。

（2）上部受力钢筋根数的计算公式

$$上部受力钢筋根数＝\frac{挑板长度－保护层厚×2}{间距}＋1 \qquad (4-17)$$

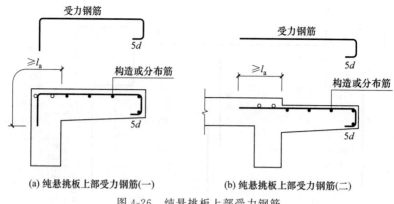

(a) 纯悬挑板上部受力钢筋(一)　　　　(b) 纯悬挑板上部受力钢筋(二)

图 4-26　纯悬挑板上部受力钢筋

l_a—受拉钢筋锚固长度；d—钢筋直径

4.2.4.2　纯悬挑板分布筋计算

（1）分布筋长度计算公式

$$分布筋长度＝水平长度 \qquad (4\text{-}18)$$

（2）分布筋根数计算公式

$$分布筋根数＝\frac{布筋范围}{布筋间距}＋1 \qquad (4\text{-}19)$$

4.2.4.3　纯悬挑板下部钢筋计算

纯悬挑板（双层钢筋）除需要计算上部受力钢筋的长度和根数、分布筋的长度和根数以外，还需要计算下部构造钢筋长度和根数及分布筋的长度和根数，如图 4-27 所示。

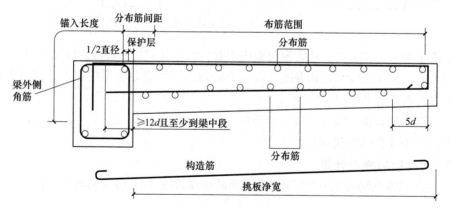

图 4-27　纯悬挑板下部钢筋计算图

d—钢筋直径

（1）纯悬挑板下部构造钢筋长度计算公式

$$纯悬挑板下部构造钢筋长度＝纯悬挑板净长－保护层厚＋\max\left(12d,\frac{支座宽}{2}\right)＋弯钩长度$$

$$(4\text{-}20)$$

（2）纯悬挑板下部构造钢筋根数计算公式

$$纯悬挑板下部构造钢筋根数＝\frac{挑板长度－保护层厚\times2}{间距}＋1 \qquad (4\text{-}21)$$

【例 4-4】　纯悬挑板下部构造筋如图 4-28 所示，计算下部构造筋长度及根数。

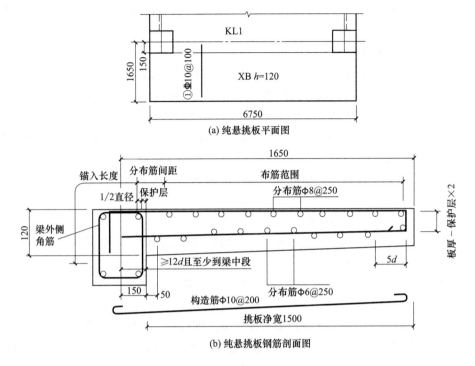

(a) 纯悬挑板平面图

(b) 纯悬挑板钢筋剖面图

图 4-28　纯悬挑板下部构造筋

d—钢筋直径；h—板厚

【解】　纯悬挑板净长＝1650－150＝1500（mm）

$$纯悬挑板下部构造筋长度＝纯悬挑板净长－保护层厚＋\max\left(12d,\frac{支座宽}{2}\right)＋弯钩长度$$

$$＝1500－15＋\max\left(120,\frac{300}{2}\right)＋6.25×10≈1698（mm）$$

$$纯悬挑板下部受力钢筋根数＝\frac{挑板长度－保护层厚×2}{间距}＋1＝\frac{6750－15×2}{200}＋1＝35（根）$$

4.2.5　扣筋计算

扣筋是指板支座上部非贯通筋，是一种在板中应用得比较多的钢筋。在一个楼层中，扣筋的种类是最多的，因此在板钢筋计算中，扣筋的计算占了相当大的比重。

（1）扣筋计算的基本原理　扣筋的形状为"⌐‾‾‾⌐"形，包括两条腿和一个水平段。

① 扣筋腿的长度与所在楼板的厚度有关。

a. 单侧扣筋：

$$扣筋腿的长度＝板厚度－15（扣筋的两条腿可采用同样的长度）\qquad(4-22)$$

b. 双侧扣筋（横跨两块板）：

$$扣筋腿 1 的长度＝板 1 的厚度－15\qquad(4-23)$$

$$扣筋腿 2 的长度＝板 2 的厚度－15\qquad(4-24)$$

② 扣筋的水平段长度可根据扣筋延伸长度的标注值来计算。如果只根据延伸长度标注

值还无法计算的话，则还需依据平面图板的相关尺寸进行计算。

（2）横跨在两块板中的"双侧扣筋"的扣筋计算　横跨在两块板中的"双侧扣筋"的扣筋计算如下。

① 双侧扣筋（两侧都标注延伸长度）：

$$扣筋水平段长度＝左侧延伸长度＋右侧延伸长度 \qquad (4-25)$$

② 双侧扣筋（单侧标注延伸长度）表明该扣筋向支座两侧对称延伸，其计算公式为：

$$扣筋水平段长度＝单侧延伸长度×2 \qquad (4-26)$$

（3）需要计算端支座部分宽度的扣筋计算　单侧扣筋，一端支承在梁（墙）上，另一端伸到板中，其计算公式为：

$$扣筋水平段长度＝单侧延伸长度＋端部梁中线至外侧部分长度 \qquad (4-27)$$

（4）横跨两道梁的扣筋计算

① 在两道梁之外都有延伸长度。

$$扣筋水平段长度＝左侧延伸长度＋两梁的中心间距＋右侧延伸长度 \qquad (4-28)$$

② 仅在一道梁之外有延伸长度。

$$扣筋水平段长度＝单侧延伸长度＋两梁的中心间距＋端部梁中线至外侧部分长度$$

$$\qquad (4-29)$$

其中：端部梁中线至外侧部分的扣筋长度＝梁宽度/2－保护层厚－梁纵筋直径　(4-30)

（5）贯通全悬挑长度的扣筋计算　贯通全悬挑长度的扣筋的水平段长度计算公式如下：

$$扣筋水平段长度＝跨内延伸长度＋梁宽/2＋悬挑板的挑出长度－保护层厚 \qquad (4-31)$$

（6）扣筋分布筋的计算

① 扣筋分布筋根数的计算原则。

a. 扣筋拐角处必须布置一根分布筋。

b. 在扣筋的直段范围内按分布筋间距进行布筋。板分布筋的直径和间距在结构施工图的说明中有明确的规定。

c. 当扣筋横跨梁（墙）支座时，在梁（墙）宽度范围内不布置分布筋，此时应当分别对扣筋的两个延伸净长度计算分布筋的根数。

② 扣筋分布筋的长度。扣筋分布筋的长度无需按照全长计算。由于在楼板角部矩形区域，横竖两个方向的扣筋相互交叉，互为分布筋，因此这个角部矩形区域不应再设置扣筋的分布筋，否则，四层钢筋交叉重叠在一块，混凝土无法覆盖住钢筋。

（7）一根完整的扣筋的计算过程

① 计算扣筋的腿长。如果横跨两块板的厚度不同，则扣筋的两腿长度要分别进行计算。

② 计算扣筋的水平段长度。

③ 计算扣筋的根数。如果扣筋的分布范围为多跨，也还需按跨计算根数，相邻两跨之间的梁（墙）上不布置扣筋。

④ 计算扣筋的分布筋。

【例4-5】　如图4-29所示，一个横跨一道框架梁的双侧扣筋③号钢筋，扣筋的两条腿分别伸到LB1和LB2两块板中，LB1的厚度为120mm，LB2的厚度为100mm。

在扣筋的上部标注：③φ10@150（2）；在扣筋下部的左侧标注：2000；在扣筋下部的右侧标注：1500。

扣筋标注的所在跨及相邻的轴线跨度均为3500mm，两跨之间的框架梁（KL1）的宽度为200mm，均为正中轴线。扣筋分布筋为$\Phi 8@200$。

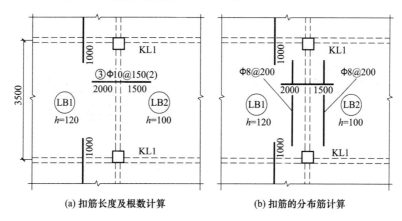

图 4-29　扣筋计算示意

h—板厚

【解】　(1) 计算扣筋的腿长

扣筋腿1的长度＝LB1的厚度－15＝120－15＝105（mm）

扣筋腿2的长度＝LB2的厚度－15＝100－15＝85（mm）

(2) 计算扣筋的水平段长度

扣筋水平段长度＝2000＋1500＝3500（mm）

(3) 计算扣筋的根数

单跨的扣筋根数＝(3300－50×2)/150＋1＝22＋1＝23（根）

两跨的扣筋根数＝23×2＝46（根）

(4) 计算扣筋的分布筋　计算扣筋分布筋长度的基数为3300mm，还要减去另向钢筋的延伸净长度，再加上搭接长度150mm。

如果另向钢筋的延伸长度为1000mm，则

延伸净长度＝1000－100＝900（mm）

扣筋分布筋长度＝3300－900×2＋150×2＝1800（mm）

扣筋分布筋的根数：

扣筋左侧的分布筋根数＝(2000－100)/200＋1＝10＋1＝11（根）

扣筋右侧的分布筋根数＝(1500－100)/200＋1＝7＋1＝8（根）

4.2.6　折板钢筋计算

折板配筋构造如图4-30所示。

外折角纵筋连续通过。当角度$\alpha \geqslant 160°$时，内折角纵筋连续通过。当角度$\alpha < 160°$时，阳角折板下部纵筋和阴角上部纵筋在内折角处交叉锚固。如果纵向受力钢筋在内折角处连续通过，纵向受力钢筋的合力会使内折角处板的混凝土保护层向外崩出，从而使钢筋失去黏结锚固力（钢筋和混凝土之间的黏结锚固力是钢筋和混凝土能够共同工作的基础），最终可能导致折断而破坏。

$$底筋长度＝板跨净长＋2l_a \tag{4-32}$$

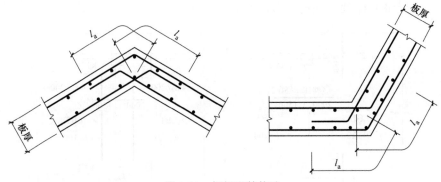

图 4-30　折板配筋构造

l_a—受拉钢筋锚固长度

4.2.7　支座负筋计算

支座负筋计算见表 4-1。

表 4-1　支座负筋计算　　　　　　　　　　　mm

支座负筋总结			
中间支座	基本公式＝延伸长度＋弯折	延伸长度	自支座中心线向跨内的延伸长度
		弯折长度	$h-15$
	转角处分布筋扣减		分布筋和与之相交的支座负筋搭接 150
	两侧与不同长度的支座负筋相交		其两侧分布筋分别按各自的相交情况计算
	丁字相交		支座负筋遇丁字相交不空缺
	板顶筋替代分布筋		双层配筋，又配置支座负筋时， 板顶可替代同向的负筋分布筋
端支座负筋	基本公式＝延伸长度＋弯折	延伸长度	自支座中心线向跨内的延伸长度
		弯折长度	$h-15$
跨板支座负筋	跨长＋延伸长度＋弯折		

【例 4-6】　中间支座负筋平法施工图，见图 4-31。其中四周梁宽 300mm，图中未注明分布筋为 φ6@200，混凝土强度等级为 C30，抗震等级为一级。试求中间支座负筋。

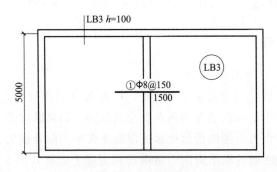

图 4-31　中间支座负筋平法施工图

h—板厚

【解】　由题可知，板保护层厚度 $c=15\text{mm}$，梁保护层厚度$=25\text{mm}$，起步距离$=1/2$钢筋间距。

（1）①号支座负筋

弯折长度$=h-15=100-15=85$（mm）

总长度$=$平直段长度$+$两端弯折$=2\times1500+2\times85=3170$（mm）

根数$=$（布置范围净长$-$两端起步距离）/间距$+1=(5000-300-2\times75)/150+1=32$（根）

（2）①号支座负筋的分布筋

负筋布置范围长$=5000-300=4700$（mm）

单侧根数$=(1500-150)/200+1=8$（根）

两侧共 16 根。

【例 4-7】　端支座负筋平法施工图，见图 4-32。其中四周梁 $300\text{mm}\times500\text{mm}$，图中未注明分布筋为$\phi6@200$，混凝土强度等级为 C30，抗震等级为一级。试求端支座负筋。

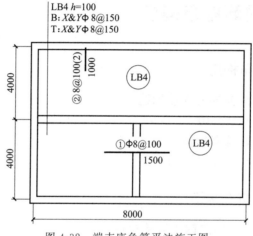

图 4-32　端支座负筋平法施工图

h—板厚

【解】　由题可知，板保护层厚度 $c=15\text{mm}$，梁保护层厚度$=25\text{mm}$，起步距离$=1/2$钢筋间距。

（1）②号支座负筋

弯折长度$=h-15=100-15=85$（mm）

总长度$=$平直段长度$+$两端弯折$=1000+150-15+2\times85=1305$（mm）

根数$=$（布置范围净长$-$两端起步距离）/间距$+1$

$\quad=(8000-300-2\times50)/100+1=77$（根）

（2）②号支座负筋的分布筋

负筋布置范围长$=8000-300=7700$（mm）

单侧根数$=(1000-150)/200+1=6$（根）

5 筏形基础钢筋翻样与下料

5.1 筏形基础钢筋排布构造

5.1.1 基础梁钢筋排布构造

5.1.1.1 基础梁（JL）纵向钢筋连接构造
基础梁纵向钢筋连接构造如图 5-1 所示。

5.1.1.2 基础梁配置两种箍筋构造
基础梁配置两种箍筋构造如图 5-2 所示。

5.1.2 基础次梁钢筋排布构造

5.1.2.1 基础次梁（JCL）纵向钢筋连接构造
基础次梁纵向钢筋连接构造如图 5-3 所示。

5.1.2.2 基础次梁配置两种箍筋构造
基础次梁配置两种箍筋构造如图 5-4 所示。

5.1.3 梁板式筏形基础平板（LPB）钢筋排布构造

梁板式筏形基础平板钢筋排布构造如图 5-5 所示。基础平板同一层面的交叉纵筋，上下位置关系应按具体设计说明。

5.1.4 平板式筏形基础钢筋排布构造

5.1.4.1 平板式筏形基柱下板带（ZXB）与跨中板带（KZB）纵向钢筋排布构造
平板式筏形基础相当于倒置的无梁楼盖。理论上，平板式筏形基础有条件划分板带时，可划分为柱下板带和跨中板带两种；无条件划分板带时，按平板式筏形基础平板（BPB）考虑。
柱下板带和跨中板带纵向钢筋排布构造如图 5-6 所示。

5.1.4.2 平板式筏形基础平板钢筋排布构造
平板式筏形基础平板钢筋排布构造如图 5-7 所示。

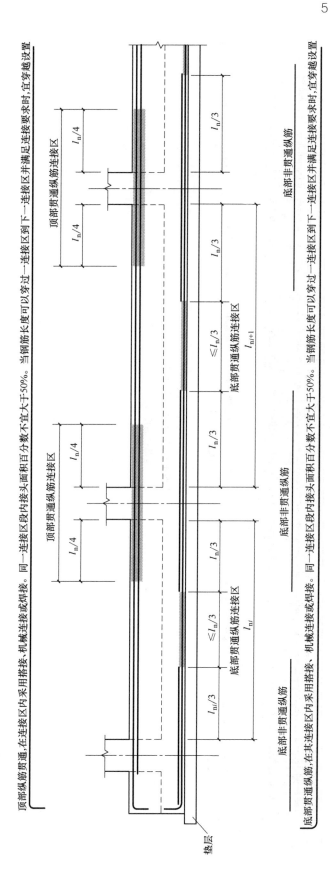

图 5-1　基础梁纵向钢筋连接构造

l_n——支座两边的净跨长度值；l_{ni}、l_{ni+1}——左、右跨的净跨长度

顶部贯通纵筋贯通，在连接区内采用搭接、机械连接或焊接。同一连接区段内接头面积百分数不宜大于50%。当钢筋长度可以穿过一连接区到下一连接区并满足连接要求时，宜穿越设置

底部贯通纵筋，在其连接区内采用搭接、机械连接或焊接。同一连接区段内接头面积百分数不宜大于50%。当钢筋长度可以穿过一连接区到下一连接区并满足连接要求时，宜穿越设置

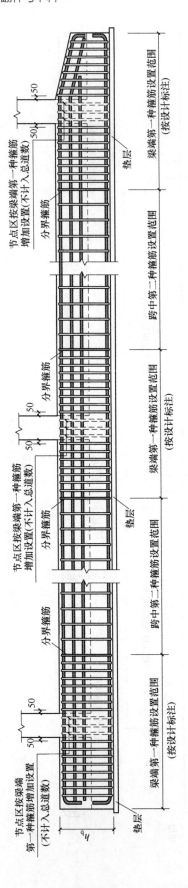

图 5-2 基础梁配置两种箍筋构造

h_b——基础梁高度

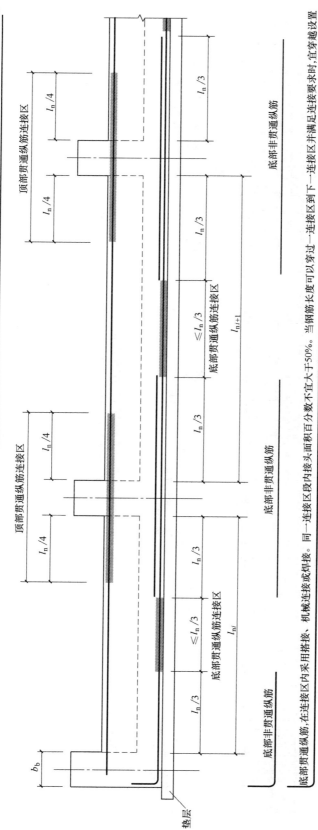

图 5-3　基础次梁纵向钢筋连接构造

l_n—支座两边的净跨长度 l_{ni} 和 l_{ni+1} 的最大值；l_{ni}、l_{ni+1}—左、右跨的净跨长度；b_b—基础次梁支座的基础主梁宽度

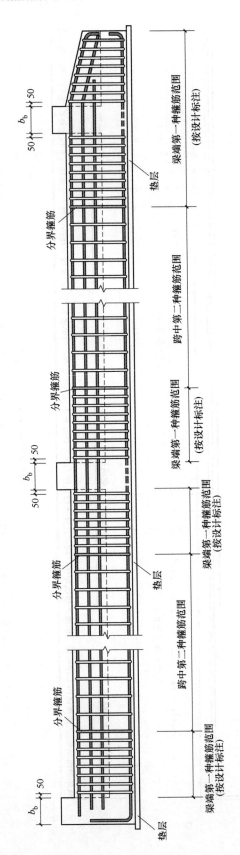

图 5-4　基础次梁配置两种箍筋构造

b_b—基础次梁支座的基础主梁宽度

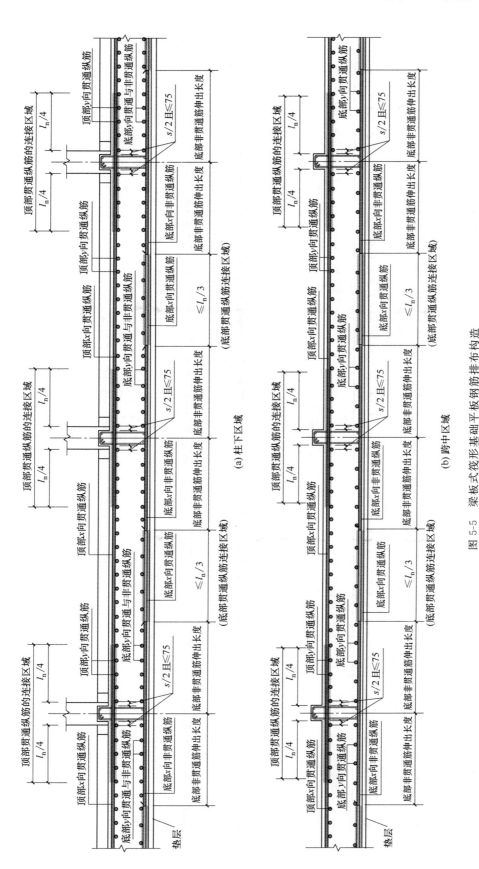

图 5-5 梁板式筏形基础平板钢筋排布构造

l_n—对于顶部纵筋，为支座两侧净跨度的较大值，为支座两侧净跨度（对于底部纵筋，为板的净跨度）；s—板纵筋间距

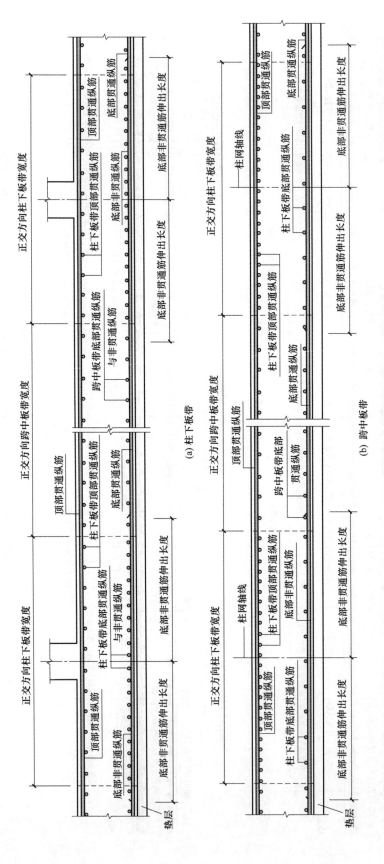

图 5-6 柱下板带与跨中板带纵向钢筋排布构造

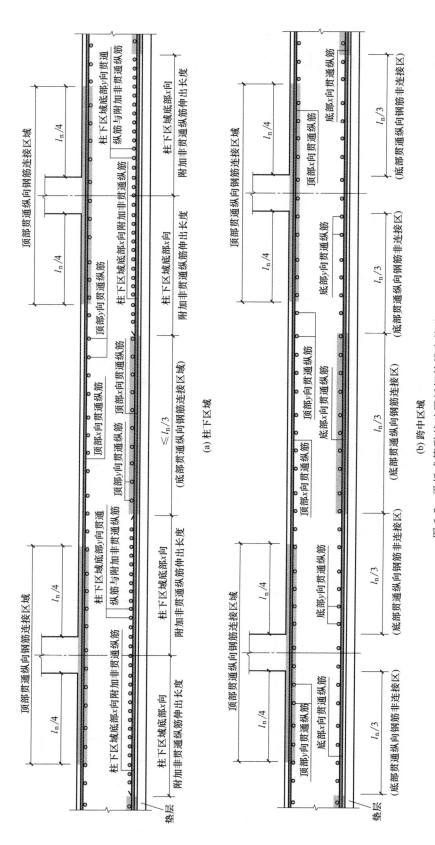

图 5-7 平板式筏形基础平板钢筋排布构造

l_n —支座两侧净跨度的较大值，边支座为边跨净跨度

5.2　筏形基础钢筋翻样与下料方法

5.2.1　基础梁钢筋计算

5.2.1.1　基础梁纵筋计算

（1）基础梁端部无外伸

$$上部贯通筋长度 = 梁长 - 2c_1 + \frac{h_b - 2c_2}{2} \tag{5-1}$$

$$下部贯通筋长度 = 梁长 - 2c_1 + \frac{h_b - 2c_2}{2} \tag{5-2}$$

式中　c_1——基础梁端保护层厚度，mm；

　　　　c_2——基础梁上下保护层厚度，mm；

　　　　h_b——基础梁高度，mm。

　　上部或下部钢筋根数不同时：

$$多出的钢筋长度 = 梁长 - 2c + 左弯折15d + 右弯折15d \tag{5-3}$$

式中　c——基础梁保护层厚度，如基础梁端、基础梁底、基础梁顶保护层不同，应分别计

　　　　　　算，mm；

　　　　d——钢筋直径，mm。

（2）基础梁等截面外伸

$$上部贯通筋长度 = 梁长 - 2 \times 保护层厚 + 左弯折12d + 右弯折12d \tag{5-4}$$

$$下部贯通筋长度 = 梁长 - 2 \times 保护层厚 + 左弯折12d + 右弯折12d \tag{5-5}$$

【例5-1】　某工程的平面图（图5-8）是轴线间距5500mm的正方形，四角为框架柱（500mm×500mm）居轴线正中，基础梁（JL1）截面尺寸为600mm×900mm，混凝土强度等级为C20。

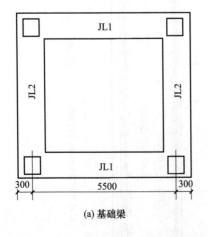

(a) 基础梁

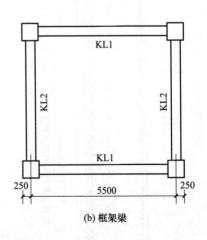

(b) 框架梁

图5-8　某工程平面图

基础梁纵筋：底部和顶部贯通纵筋均为 7 ⚿ 25，侧面构造钢筋为 8 ⚿ 12。

基础梁箍筋：11 Φ10@100/200（4）。

求框架梁纵筋长度及基础主梁纵筋长度。

【解】 按图 5-8（a）计算，基础主梁的长度计算到相交的基础主梁的外皮为 5500 ＋ 300×2=6100（mm），则基础主梁纵筋长度为 6100－30×2=6040（mm）。按图 5-8（b）计算框架梁，梁两端框架外皮尺寸为 5500＋250×2=6000（mm），则框架梁纵筋长度为 6000－30×2=5940（mm）。

5.2.1.2 基础梁非贯通筋计算

（1）基础梁端部无外伸

$$下部端支座非贯通钢筋长度＝0.5h_c＋\max\left(\frac{l_n}{3}, 1.2l_a＋h_b＋0.5h_c\right)＋\frac{h_b－2c}{2} \quad (5\text{-}6)$$

$$下部多出的端支座非贯通钢筋长度＝0.5h_c＋\max\left(\frac{l_n}{3}, 1.2l_a＋h_b＋0.5h_c\right)＋15d \quad (5\text{-}7)$$

$$下部中间支座非贯通钢筋长度＝\max\left(\frac{l_n}{3}, 1.2l_a＋h_b＋0.5h_c\right)×2 \quad (5\text{-}8)$$

式中　l_n——左跨与右跨的较大值，mm；

　　　h_b——基础梁截面高度，mm；

　　　h_c——沿基础梁跨度方向柱截面高度，mm；

　　　c——基础梁保护层厚度，mm；

　　　l_a——受拉钢筋锚固长度，mm；

　　　d——钢筋直径，mm。

（2）基础梁等截面外伸

$$下部端支座非贯通钢筋长度＝外伸长度\,l＋\max\left(\frac{l_n}{3}, l_n'\right)＋12d \quad (5\text{-}9)$$

$$下部中间支座非贯通钢筋长度＝\max\left(\frac{l_n}{3}, l_n'\right)×2 \quad (5\text{-}10)$$

式中　l_n'——柱外侧边缘至梁外伸端的距离，mm。

【例 5-2】 JL03 平法施工图，如图 5-9 所示。求 JL03 的底部贯通纵筋、顶部贯通纵筋、箍筋及非贯通纵筋用筋量。

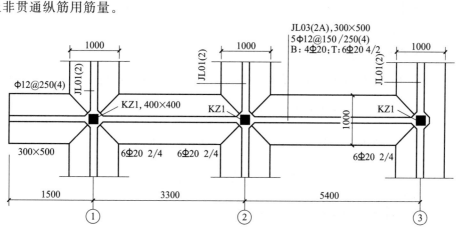

图 5-9　JL03 平法施工图

【解】 （1）底部贯通纵筋 4 Φ 20

长度＝（3300＋5400＋1500＋200＋50）－2×30＋2×15×20＝10990（mm）

（2）顶部贯通纵筋上排 4 Φ 20

长度＝（3300＋5400＋1500＋200＋50）－2×30＋2×12×20＝10870（mm）

（3）顶部贯通纵筋下排 2 Φ 20

长度＝3300＋5400＋（200＋50－30＋12d）－200＋29d

　　　　＝3300＋5400＋（200＋50－30＋12×20）－200＋29×20＝9540（mm）

（4）箍筋

外大箍长度＝（300－2×30＋12）×2＋（500－2×30＋12）×2＋2×11.9×12≈1694（mm）

内小箍筋长度＝[（300－2×30－20）/3＋20＋12]×2＋（500－2×30＋12）×2＋

　　　　　　　　2×11.9×12≈1400（mm）

箍筋根数：

第一跨：5×2＋6＝16（根）

两端各 5 Φ 12；

中间箍筋根数＝（3300－200×2－50×2－150×5×2）/250－1＝5（根）

第二跨：5×2＋9＝19（根）

两端各 5 Φ 12；

中间箍筋根数＝（5400－200×2－50×2－150×5×2）/250－1＝13（根）

节点内箍筋根数＝400/150＝3（根）

外伸部位箍筋根数＝（1500－200－2×50）/250＋1＝6（根）

JL03 箍筋总根数为：

外大箍根数＝16＋19＋3×3＋6＝50（根）

内小箍根数＝50（根）

（5）底部外伸端非贯通筋 2 Φ 20（位于上排）

长度＝延伸长度 l_0/3＋伸至端部长度＝5400/3＋1500－30＝3270（mm）

（6）底部中间柱下区域非贯通筋 2 Φ 20（位于上排）

长度＝2×l_0/3＝2×5400/3＝3600（mm）

（7）底部右端（非外伸端）非贯通筋 2 Φ 20

长度＝延伸长度 l_0/3＋伸至端部长度＝5400/3＋200＋50-30＋15d＝5400/3＋200＋

50－30＋15×20＝2320（mm）

5.2.1.3　基础梁架立筋计算

当梁下部贯通筋的根数小于箍筋的肢数时，在梁的跨中$\frac{1}{3}$跨度范围内必须设置架立筋用来固定箍筋，架立筋与支座负筋搭接150mm。

$$基础梁首跨架立筋长度＝l_1－\max\left(\frac{l_1}{3}, 1.2l_a＋h_b＋0.5h_c\right)－$$

$$\max\left(\frac{l_1}{3}, \frac{l_2}{3}, 1.2l_a＋h_b＋0.5h_c\right)＋2×150 \qquad (5\text{-}11)$$

式中　l_1——首跨轴线至轴线长度，mm；

　　　l_2——第二跨轴线至轴线长度，mm；

l_a——受拉钢筋锚固长度，mm；

h_b——基础梁截面高度，mm；

h_c——沿基础梁跨度方向柱截面高度，mm。

5.2.1.4 基础梁拉筋计算

$$梁侧面拉筋根数 = n \times \left(\frac{l_n - 50 \times 2}{非加密区间距的2倍} + 1 \right) \tag{5-12}$$

$$梁侧面拉筋长度 = (b - c \times 2) + 4d + 2 \times 11.9d \tag{5-13}$$

式中 n——侧面筋道数；

l_n——左跨与右跨的较大值，mm；

b——梁宽，mm；

c——保护层厚度，mm；

d——钢筋直径，mm。

5.2.1.5 基础梁箍筋计算

$$根数 = 根数1 + 根数2 + \frac{梁净长 - 2 \times 50 - (根数1-1) \times 间距1 - (根数2-1) \times 间距2}{间距3} - 1 \tag{5-14}$$

当设计未标注加密箍筋范围时，箍筋加密区长度 $L_1 = \max(1.5 \times h_b, 500)$。

$$箍筋根数 = 2 \times \left(\frac{L_1 - 50}{加密区间距} + 1 \right) + \sum \frac{梁宽 - 2 \times 50}{加密区间距} - 1 + \frac{l_n - 2L_1}{非加密区间距} - 1 \tag{5-15}$$

式中 h_b——梁截面高度，mm；

l_n——左跨与右跨的较大值，mm。

为了便于计算，箍筋与拉筋弯钩平直段长度按 $10d$ 计算。实际钢筋预算与下料时，应根据箍筋直径和构件是否抗震而定。

$$箍筋预算长度 = (b + h) \times 2 - 8c + 2 \times 11.9d + 8d \tag{5-16}$$

$$箍筋下料长度 = (b + h) \times 2 - 8c + 2 \times 11.9d + 8d - 3 \times 1.75d \tag{5-17}$$

$$内箍预算长度 = \left[\left(\frac{b - 2c - D}{n} - 1 \right) \times j + D \right] \times 2 + 2 \times (h - c) + 2 \times 11.9d + 8d \tag{5-18}$$

$$内箍下料长度 = \left[\left(\frac{b - 2c - D}{n} - 1 \right) \times j + D \right] \times 2 + 2 \times (h - c) + 2 \times 11.9d + 8d - 3 \times 1.75d \tag{5-19}$$

式中 b——梁宽度，mm；

h——梁高度，mm；

c——梁侧保护层厚度，mm；

D——梁纵筋直径，mm；

n——梁箍筋肢数；

j——梁内箍包含的主筋孔数；

d——梁箍筋直径，mm。

5.2.1.6 基础梁附加箍筋计算

附加箍筋排布构造如图5-10所示。

附加箍筋间距 $8d$（d 为箍筋直径）且不大于梁正常箍筋间距。

附加箍筋根数如果设计注明则按设计，如果设计只注明间距而未注写具体数量则按平法

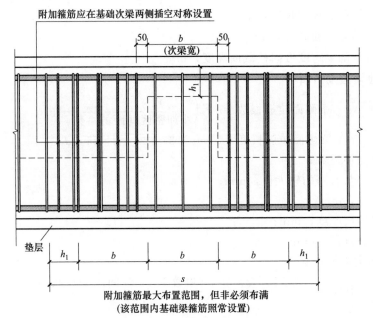

图 5-10　附加箍筋排布构造

h_1—主次梁高差；b—次梁宽；s—附加箍筋的布置范围

构造，计算如下：

$$附加箍筋根数 = 2 \times \left(\frac{次梁宽度}{附加箍筋间距} + 1 \right) \tag{5-20}$$

5.2.1.7　基础梁附加吊筋计算

附加（反扣）吊筋排布构造如图 5-11 所示。

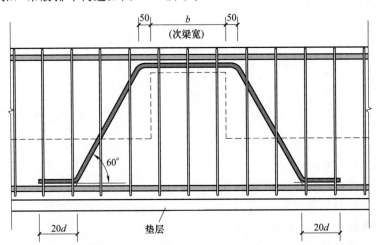

图 5-11　附加（反扣）吊筋排布构造

b—次梁宽；d—钢筋直径

$$附加吊筋长度 = 次梁宽 + 2 \times 50 + \frac{2 \times (主梁高 - 保护层厚度)}{\sin 45°(60°)} + 2 \times 20d \tag{5-21}$$

5.2.1.8　变截面基础梁钢筋计算

梁变截面包括以下几种情况：梁顶有高差；梁底有高差；梁底、梁顶均有高差。

如基础梁下部有高差，低跨的基础梁必须做成45°或者60°梁底台阶或者斜坡。

如基础梁有高差，不能贯通的纵筋必须相互锚固。

(1) 当梁顶有高差时，低跨的基础梁上部纵筋伸入高跨内一个l_a：

$$\text{高跨梁上部第一排纵筋弯折长度} = \text{高差值} + l_a \tag{5-22}$$

(2) 当梁底有高差时：

$$\text{高跨基础梁下部纵筋伸入低跨梁内长度} = l_a \tag{5-23}$$

$$\text{低跨梁下部第一排纵筋斜弯折长度} = \frac{\text{高差值}}{\sin 45°(60°)} + l_a \tag{5-24}$$

(3) 当梁底、梁顶均有高差时，低跨的基础梁上部纵筋伸入高跨内一个l_a：

$$\text{高跨梁上部第一排纵筋弯折长度} = \text{高差值} + l_a \tag{5-25}$$

$$\text{高跨基础梁下部纵筋伸入低跨内长度} = l_a \tag{5-26}$$

$$\text{低跨梁下部第一排纵筋斜弯折长度} = \frac{\text{高差值}}{\sin 45°(60°)} + l_a \tag{5-27}$$

如支座两边基础梁宽不同或者梁不对齐，将不能拉通的纵筋伸入支座对边后弯折$15d$。

如支座两边纵筋根数不同，可以将多出的纵筋伸入支座对边后弯折$15d$。

5.2.1.9 基础梁侧腋钢筋计算

除了基础梁比柱宽且完全形成梁包柱的情形外，基础梁必须加腋，加腋的钢筋直径不小于12mm并且不小于柱箍筋直径，间距同柱箍筋间距，在加腋筋内侧梁高位置布置分布筋Φ8@200，其排布构造如图5-12所示。

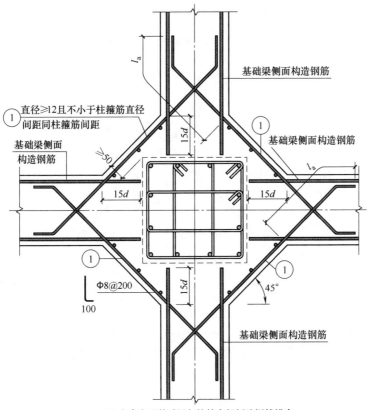

(a) 十字交叉基础梁与柱结合部侧腋钢筋排布

图 5-12

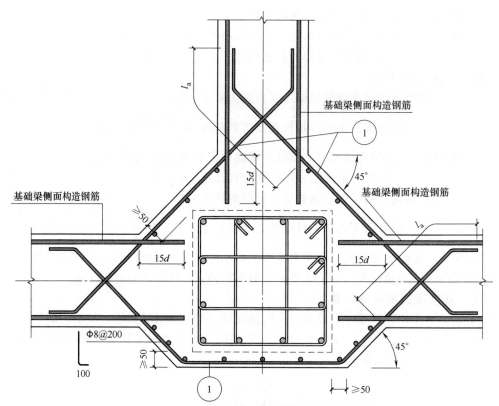

(b) 丁字交叉基础梁与柱结合部侧腋钢筋排布

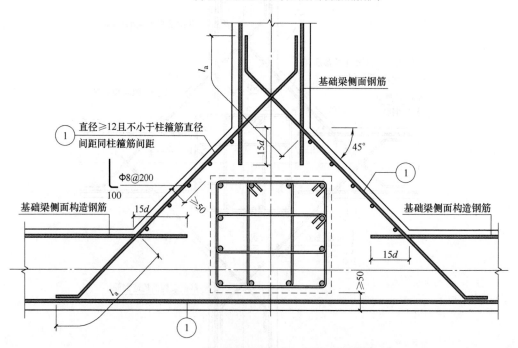

(c) 基础梁偏心穿柱与柱结合部位钢筋排布

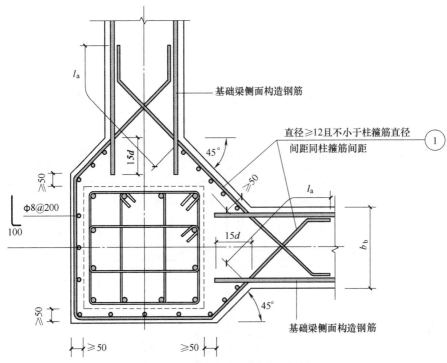

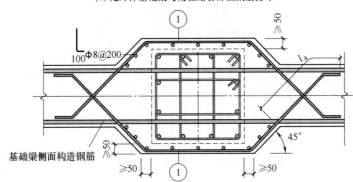

图 5-12 基础梁与柱结合部侧腋钢筋排布构造

d—钢筋直径；l_a—受拉钢筋锚固长度；b_b—基础主梁宽度

$$加腋纵筋长度 = \sum 侧腋边净长 + 2l_a \qquad (5\text{-}28)$$

5.2.1.10 基础梁竖向加腋钢筋计算

基础梁梁高竖向加腋钢筋排布构造如图 5-13 所示。

加腋上部斜纵筋根数＝梁下部纵筋根数－1（且不少于两根，并插空放置）。其箍筋与梁端部箍筋相同。

$$箍筋根数 = 2 \times \frac{1.5h_b}{加密区间距} + \frac{l_n - 3h_b - 2c_1}{非加密区间距} - 1 \qquad (5\text{-}29)$$

$$加腋区箍筋根数 = \frac{c_1 - 50}{箍筋加密区间距} + 1 \qquad (5\text{-}30)$$

$$加腋区箍筋理论长度 = 2b + 2 \times (2h + c_2) - 8c + 2 \times 11.9d + 8d \qquad (5\text{-}31)$$

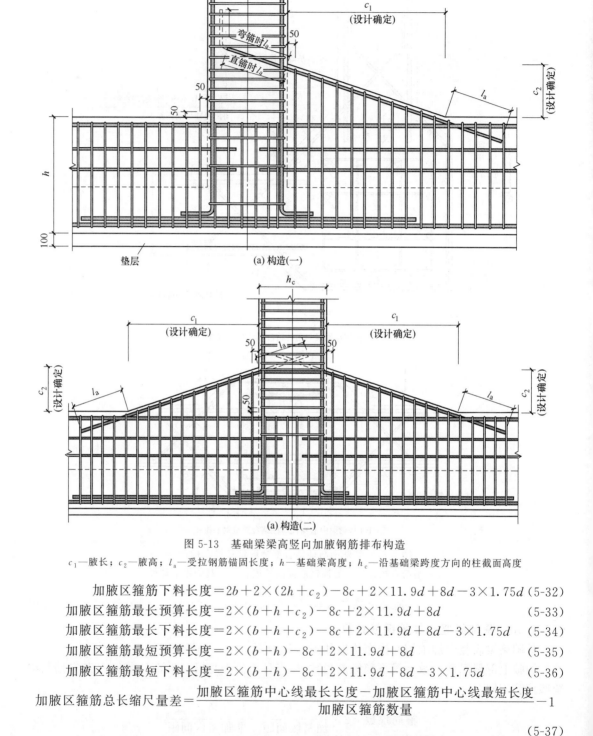

图 5-13 基础梁梁高竖向加腋钢筋排布构造

c_1—腋长；c_2—腋高；l_a—受拉钢筋锚固长度；h—基础梁高度；h_c—沿基础梁跨度方向的柱截面高度

加腋区箍筋下料长度 $= 2b + 2 \times (2h + c_2) - 8c + 2 \times 11.9d + 8d - 3 \times 1.75d$ (5-32)

加腋区箍筋最长预算长度 $= 2 \times (b + h + c_2) - 8c + 2 \times 11.9d + 8d$ (5-33)

加腋区箍筋最长下料长度 $= 2 \times (b + h + c_2) - 8c + 2 \times 11.9d + 8d - 3 \times 1.75d$ (5-34)

加腋区箍筋最短预算长度 $= 2 \times (b + h) - 8c + 2 \times 11.9d + 8d$ (5-35)

加腋区箍筋最短下料长度 $= 2 \times (b + h) - 8c + 2 \times 11.9d + 8d - 3 \times 1.75d$ (5-36)

$$加腋区箍筋总长缩尺量差 = \frac{加腋区箍筋中心线最长长度 - 加腋区箍筋中心线最短长度}{加腋区箍筋数量} - 1$$

(5-37)

$$加腋区箍筋高度缩尺量差 = 0.5 \times \frac{加腋区箍筋中心线最长长度 - 加腋区箍筋中心线最短长度}{加腋区箍筋数量} - 1$$

(5-38)

$$加腋纵筋长度 = \sqrt{c_1^2 + c_2^2} + 2l_a \tag{5-39}$$

式中 l_n——左跨与右跨的较大值，mm；

$\quad\quad h_b$——基础梁截面高度，mm；

$\quad\quad b$——梁宽，mm；

$\quad\quad c$——保护层厚度，mm。

5.2.2 基础次梁钢筋计算

5.2.2.1 基础次梁纵筋计算

（1）当基础次梁无外伸时

$$上部贯通筋长度 = 梁净跨长 + 左\max(12d, 0.5h_b) + 右\max(12d, 0.5h_b) \tag{5-40}$$

$$下部贯通筋长度 = 梁净跨长 + 2l_a \tag{5-41}$$

（2）当基础次梁外伸时

$$上部贯通筋长度 = 梁长 = 2\times保护层厚度 + 左弯折12d + 右弯折12d \tag{5-42}$$

$$下部贯通筋长度 = 梁长 - 2\times保护层厚度 + 左弯折12d + 右弯折12d \tag{5-43}$$

式中 h_b——基础梁截面高度，mm；

$\quad\quad d$——钢筋直径，mm；

$\quad\quad l_a$——受拉钢筋锚固长度，mm。

5.2.2.2 基础次梁非贯通筋计算

（1）基础次梁无外伸时

$$下部端支座非贯通钢筋长度 = 0.5b_b + \max\left(\frac{l_n}{3}, 1.2l_a + h_b + 0.5b_b\right) + 12d \tag{5-44}$$

$$下部中间支座非贯通钢筋长度 = \max\left(\frac{l_n}{3}, 1.2l_a + h_b + 0.5b_b\right)\times2 \tag{5-45}$$

式中 l_n——左跨和右跨的较大值，mm；

$\quad\quad h_b$——基础次梁截面高度，mm；

$\quad\quad b_b$——基础主梁宽度，mm；

$\quad\quad l_a$——受拉钢筋锚固长度，mm；

$\quad\quad d$——梁箍筋直径，mm。

（2）基础次梁外伸时

$$下部端支座非贯通钢筋长度 = 外伸长度l + \max\left(\frac{l_n}{3}, 1.2l_a + h_b + 0.5b_b\right) + 12d \tag{5-46}$$

$$下部端支座非贯通第二排钢筋长度 = 外伸长度l + \max\left(\frac{l_n}{3}, 1.2l_a + h_b + 0.5b_b\right) \tag{5-47}$$

$$下部中间支座非贯通钢筋长度 = \max\left(\frac{l_n}{3}, 1.2l_a + h_b + 0.5b_b\right)\times2 \tag{5-48}$$

式中 b_b——基础主梁宽度，mm；

$\quad\quad h_b$——基础梁截面高度，mm；

$\quad\quad l_a$——受拉钢筋锚固长度，mm；

$\quad\quad l_n$——左跨与右跨的较大值，mm；

$\quad\quad d$——梁箍筋直径，mm。

5.2.2.3 基础次梁侧面纵筋计算

$$梁侧面筋根数 = 2 \times \left(\frac{梁高\ h - 保护层厚度 - 筏板厚\ b}{梁侧面筋间距} - 1 \right) \qquad (5\text{-}49)$$

$$梁侧面构造纵筋长度 = l_{n1} + 2 \times 15d \qquad (5\text{-}50)$$

式中 l_{n1}——边跨净长度，mm；

d——梁箍筋直径，mm。

5.2.2.4 基础次梁架立筋计算

由于梁下部贯通筋的根数少于箍筋的肢数时在梁的跨中$\frac{1}{3}$跨度范围内须设置架立筋用来固定箍筋，架立筋与支座负筋搭接150mm。

$$基础梁首跨架立筋长度 = l_1 - \max\left(\frac{l_1}{3}, 1.2l_a + h_b + 0.5b_b\right) -$$
$$\max\left(\frac{l_1}{3}, \frac{l_2}{3}, 1.2l_a + h_b + 0.5b_b\right) + 2 \times 150 \qquad (5\text{-}51)$$

$$基础梁中间跨架立筋长度 = l_{n2} - \max\left(\frac{l_1}{3}, \frac{l_2}{3}, 1.2l_a + h_b + 0.5b_b\right) -$$
$$\max\left(\frac{l_2}{3}, \frac{l_3}{3}, 1.2l_a + h_b + 0.5b_b\right) + 2 \times 150 \qquad (5\text{-}52)$$

式中 l_1——首跨轴线到轴线长度，mm；

l_2——第二跨轴线到轴线长度，mm；

l_3——第三跨轴线到轴线长度，mm；

l_{n2}——中间第2跨轴线到轴线长度，mm；

b_b——基础主梁宽度，mm；

h_b——基础梁截面高度，mm；

l_a——受拉钢筋锚固长度，mm。

5.2.2.5 基础次梁拉筋计算

$$梁侧面拉筋根数 = n \times \left(\frac{l_n - 50 \times 2}{非加密区间距的2倍} + 1 \right) \qquad (5\text{-}53)$$

$$梁侧面拉筋长度 = (梁宽\ b - 保护层厚度\ c \times 2) + 4d + 2 \times 11.9d \qquad (5\text{-}54)$$

式中 n——侧面筋道数，mm；

l_n——左跨与右跨的较大值，mm。

5.2.2.6 基础次梁箍筋计算

$$箍筋根数 = \sum 根数1 + 根数2 +$$
$$\frac{梁净长 - 2 \times 50 - (根数1 - 1) \times 间距1 - (根数2 - 1) \times 间距2}{间距3} - 1$$
$$(5\text{-}55)$$

当设计未注明加密箍筋范围时：

$$箍筋加密区长度\ L_1 = \max(1.5h_b, 500) \qquad (5\text{-}56)$$

$$箍筋根数 = 2 \times \left(\frac{L_1 - 50}{加密区间距} + 1 \right) + \frac{l_n - 2L_1}{非加密区间距} - 1 \qquad (5\text{-}57)$$

$$箍筋预算长度＝(b+h)\times 2-8c+2\times 11.9d+8d \tag{5-58}$$

$$箍筋下料长度＝(b+h)\times 2-8c+2\times 11.9d+8d-3\times 1.75d \tag{5-59}$$

$$内箍预算长度＝\left[\left(\frac{b-2\times c-D}{n}-1\right)\times j+d\right]\times 2+2\times (h-c)+2\times 11.9d+8d \tag{5-60}$$

$$内箍下料长度＝\left[\left(\frac{b-2\times c-D}{n}-1\right)\times j+d\right]\times 2+2\times (h-c)+2\times 11.9d+8d-3\times 1.75d$$
$$\tag{5-61}$$

式中　b——梁宽度，mm；

$\quad\quad c$——梁侧保护层厚度，mm；

$\quad\quad D$——梁纵筋直径，mm；

$\quad\quad n$——梁箍筋肢数；

$\quad\quad j$——内箍包含的主筋孔数；

$\quad\quad d$——梁箍筋直径，mm；

$\quad\quad h_b$——基础梁截面高度，mm；

$\quad\quad l_n$——左跨与右跨的较大值，mm；

$\quad\quad h$——梁高，mm。

5.2.2.7　变截面基础次梁钢筋算法

梁变截面有几种情况：梁顶有高差；梁底有高差；梁底、梁顶均有高差。

当基础次梁下部有高差时，低跨的基础梁必须做成45°或60°梁底台阶或斜坡。

当基础次梁有高差时，不能贯通的纵筋必须相互锚固。

当基础次梁梁顶有高差时：

低跨梁上部纵筋伸入基础主梁内 $\max(12d，0.5h_b)$；

高跨梁上部纵筋伸入基础主梁内 $\max(12d，0.5h_b)$。

当基础次梁梁底有高差时：

$$高跨的基础梁下部纵筋伸入高跨内长度＝l_a \tag{5-62}$$

$$低跨梁下部第一排纵筋斜弯折长度＝\frac{高差值}{\sin 45°(60°)}+l_a \tag{5-63}$$

当基础次梁上下均不平时：

低跨梁上部纵筋伸入基础主梁内 $\max(12d，0.5h_b)$；

高跨梁上部纵筋伸入基础主梁内 $\max(12d，0.5h_b)$。

$$高跨的基础梁下部纵筋伸入高跨内长度＝l_a \tag{5-64}$$

$$低跨梁下部第一排纵筋斜弯折长度＝\frac{高差值}{\sin 45°(60°)}+l_a \tag{5-65}$$

式中　h_b——基础梁截面高度，mm；

$\quad\quad l_a$——受拉钢筋锚固长度，mm。

当支座两边基础梁宽不同或梁不对齐时，将不能拉通的纵筋伸入支座对边后弯折15d。

当支座两边纵筋根数不同时，可将多出的纵筋伸入支座对边后弯折15d。

5.2.3　梁板式筏形基础底板钢筋计算

5.2.3.1　端部无外伸构造

梁板式筏形基础平板端部无外伸部位钢筋排布构造如图5-14所示。

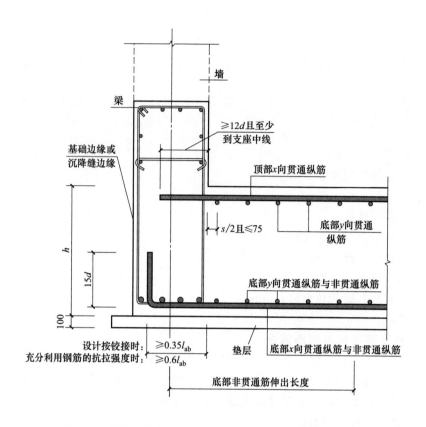

图 5-14　梁板式筏形基础平板端部无外伸部位钢筋排布构造

h—基础平板截面高度；d—钢筋直径；l_{ab}—受拉钢筋基本锚固长度；s—板钢筋间距

$$底部贯通筋长度＝筏板长度－2×保护层厚度＋弯折长度 2×15d \qquad (5-66)$$

即使底部锚固区水平段长度满足不小于 $0.4l_a$ 时，底部纵筋也必须伸至基础梁箍筋内侧。

$$上部贯通筋长度＝筏板净跨长＋\max(12d,0.5h_c) \qquad (5-67)$$

式中，h_c 为沿基础梁跨度方向柱截面高度，mm。

5.2.3.2 端部有外伸构造

梁板式筏形基础平板端部等截面外伸部位钢筋排布构造如图 5-15 所示。

$$底部贯通筋长度＝筏板长度－2×保护层厚度＋弯折长度 \qquad (5-68)$$

$$上部贯通筋长度＝筏板长度－2×保护层厚度＋弯折长度 \qquad (5-69)$$

纵筋弯钩交错封边构造如图 5-16 所示。

$$弯折长度＝\frac{筏板高度}{2}－保护层厚度＋75 \qquad (5-70)$$

U 形封边构造如图 5-17 所示。

$$弯折长度＝12d$$

$$U 形封边长度＝筏板高度－2×保护层厚度＋2×12d \qquad (5-71)$$

无封边构造如图 5-18 所示。

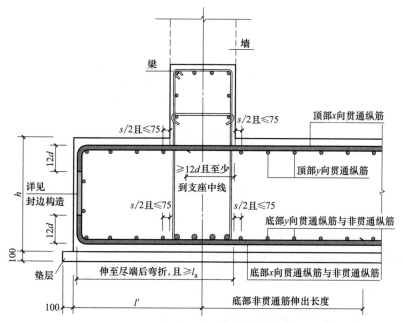

图 5-15 梁板式筏形基础平板端部等截面外伸部位钢筋排布构造

l_a—受拉钢筋锚固长度；l'—筏板底部非贯通纵筋伸出长度；

d—钢筋直径；h—基础平板截面高度；s—板钢筋间距

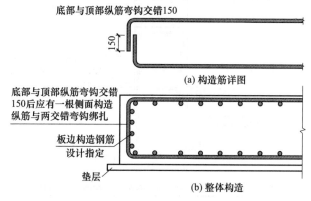

图 5-16 纵筋弯钩交错封边构造

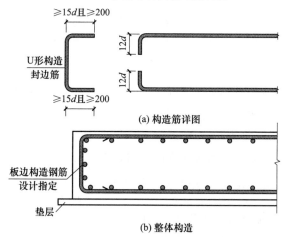

图 5-17 U 形封边构造

d—钢筋直径

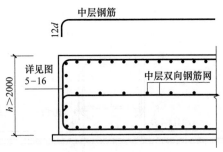

图 5-18　无封边构造

d—钢筋直径；h—基础平板截面高度

$$弯折长度＝12d$$

$$中层钢筋网片长度＝筏板长度－2×保护层厚度＋2×12d \tag{5-72}$$

5.2.3.3　梁板式筏形基础平板变截面钢筋计算

筏板变截面包括以下几种情况：板底有高差；板顶有高差；板底、板顶均有高差。

如筏板下部有高差，低跨的筏板必须做成 45°或者 60°梁底台阶或者斜坡。

如筏板梁有高差，不能贯通的纵筋必须相互锚固。

板顶有高差排布构造如图 5-19 所示。

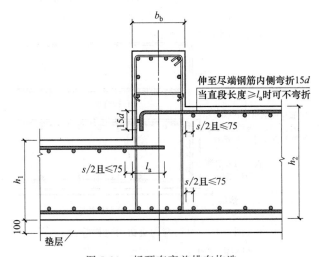

图 5-19　板顶有高差排布构造

d—钢筋直径；l_a—受拉钢筋锚固长度；h_1—根部截面高度；

h_2—尽端截面高度；s—板钢筋间距；b_b—板的截面宽度

$$低跨筏板上部纵筋伸入基础梁内长度＝\max(12d，0.5h_b) \tag{5-73}$$

$$高跨筏板上部纵筋伸入基础梁内长度＝\max(12d，0.5h_b) \tag{5-74}$$

板底有高差排布构造如图 5-20 所示。

$$高跨基础筏板下部纵筋伸入高跨内长度＝l_a$$

$$低跨基础筏板下部纵筋斜弯折长度＝\frac{高差值}{\sin45°(60°)}＋l_a \tag{5-75}$$

板顶、板底均有高差排布构造如图 5-21 所示。

低跨基础筏板上部纵筋伸入基础主梁内 $\max(12d，0.5h_b)$。

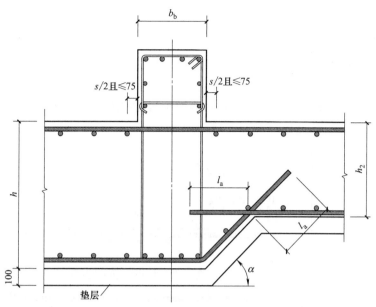

图 5-20　板底有高差排布构造

l_a—受拉钢筋锚固长度；h—根部截面高度；h_2—尽端截面高度；

s—板钢筋间距；b_b—板的截面宽度；α—板底高差坡度

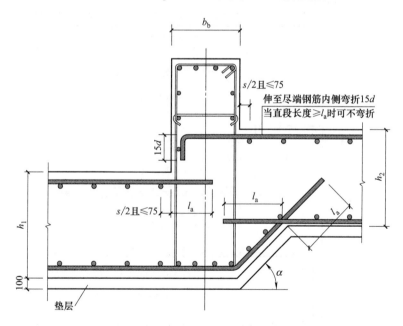

图 5-21　板顶、板底均有高差排布构造

d—钢筋直径；l_a—受拉钢筋锚固长度；h_1—根部截面高度；

h_2—尽端截面高度；s—板钢筋间距；b_b—板的截面宽度；α—板底高差坡度

高跨基础筏板上部纵筋伸入基础主梁内 $\max(12d，0.5h_b)$。

高跨的基础筏板下部纵筋伸入高跨内长度＝l_a

$$低跨的基础筏板下部纵筋斜弯折长度＝\frac{高差值}{\sin45°(60°)}+l_a \qquad (5\text{-}76)$$

5.2.4 平板式筏形基础底板钢筋计算

平板式筏形基础相当于无梁板,是无梁基础底板。

5.2.4.1 端部无外伸构造

平板式筏形基础平板端部无外伸部位钢筋排布构造如图 5-22 所示。

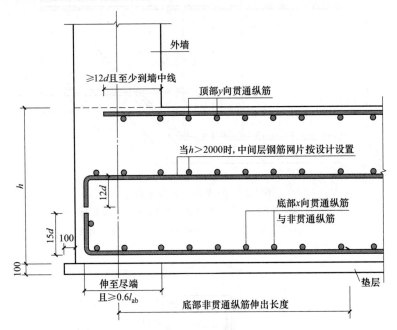

(a) 端部支座为外墙

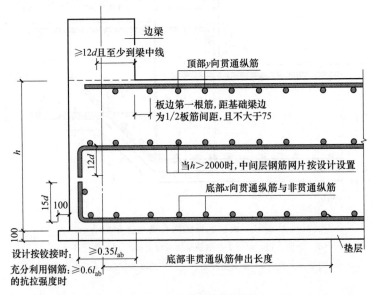

(b) 端部支座为边梁

图 5-22 平板式筏形基础平板端部无外伸部位钢筋排布构造
h—基础平板截面高度;d—钢筋直径;l_{ab}—受拉钢筋基本锚固长度

板边缘遇墙身或柱时：

底部贯通筋长度＝筏板长度－2×保护层厚度＋2×max$(1.7l_a$,筏板高度h－保护层厚度$)$

$$(5-77)$$

其他部位按侧面封边构造：

上部贯通筋长度＝筏板净跨长＋max$(边柱宽＋15d$,$l_a)$ $\qquad$ (5-78)

5.2.4.2 端部等截面外伸构造

平板式筏形基础平板端部等截面外伸部位钢筋排布构造如图 5-23 所示。

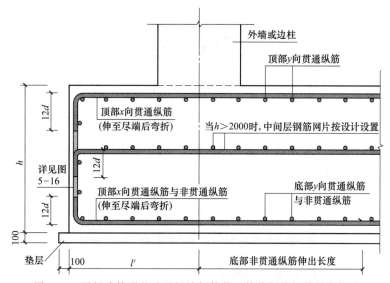

图 5-23 平板式筏形基础平板端部等截面外伸部位钢筋排布构造

l'—筏板底部非贯通纵筋伸出长度；d—钢筋直径；h—基础平板截面高度

底部贯通筋长度＝筏板长度－2×保护层厚度＋弯折长度 $\qquad$ (5-79)

上部贯通筋长度＝筏板长度－2×保护层厚度＋弯折长度 $\qquad$ (5-80)

弯折长度算法如下。

第一种弯钩交错封边时：

$$弯折长度＝\frac{筏板高度}{2}－保护层厚度＋75 \qquad (5-81)$$

第二种 U 形封边构造时：

弯折长度＝$12d$

U 形封边长度＝筏板高度－2×保护层厚度＋$12d$＋$12d$ $\qquad$ (5-82)

第三种无封边构造时：

弯折长度＝$12d$

中层钢筋网片长度＝筏板长度－2×保护层厚度＋2×$12d$ $\qquad$ (5-83)

5.2.4.3 平板式筏形基础变截面钢筋计算

平板式筏板变截面有几种情况：板顶有高差；板底有高差；板顶、板底均有高差。

当平板式筏形基础下部有高差时，低跨的基础梁必须做成 45°或 60°梁底台阶或斜坡。

当平板式筏形基础有高差时，不能贯通的纵筋必须相互锚固。

（1）当筏板顶有高差时（图 5-24），低跨的筏板上部纵筋伸入高跨内一个 l_a。

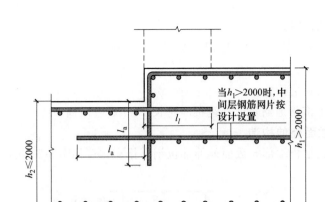

图 5-24　筏板顶有高差

l_a—受拉钢筋锚固长度；h_1—根部截面高度；h_2—尽端截面高度

$$高跨筏板上部第一排纵筋弯折长度 = 高差值 + l_a \qquad (5\text{-}84)$$

（2）当筏板底有高差时（图 5-25）：

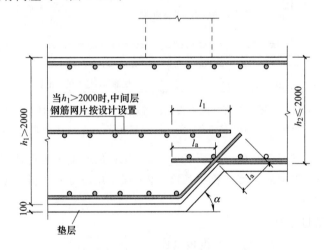

图 5-25　筏板底有高差

l_a—受拉钢筋锚固长度；h_1—根部截面高度；h_2—尽端截面高度；

l_l—纵向受拉钢筋搭接长度；α—板底高差坡度

$$高跨的筏板下部纵筋伸入高跨内长度 = l_a$$

$$低跨的筏板下部第一排纵筋斜弯折长度 = \frac{高差值}{\sin 45°(60°)} + l_a \qquad (5\text{-}85)$$

（3）当基础筏板顶、板底均有高差时（图 5-26），低跨的筏板上部纵筋伸入高跨内一个 l_a。

$$高跨筏板上部第一排纵筋弯折长度 = 高差值 + l_a \qquad (5\text{-}86)$$

$$高跨的筏板下部纵筋伸入高跨内长度 = l_a$$

$$低跨的筏板下部第一排纵筋斜弯折长度 = \frac{高差值}{\sin 45°(60°)} + l_a \qquad (5\text{-}87)$$

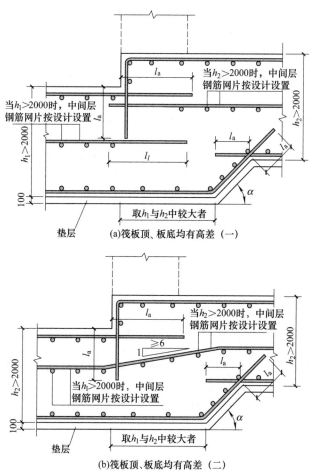

图 5-26　筏板顶、板底均有高差

l_a—受拉钢筋锚固长度；h_1—根部截面高度；h_2—尽端截面高度；

l_l—纵向受拉钢筋搭接长度；α—板底高差坡度

5.2.4.4　筏形基础拉筋算法

$$拉筋长度＝筏板高度－上下保护层厚＋2×11.9d＋2d \tag{5-88}$$

$$拉筋根数＝\frac{筏板净面积}{拉筋\,x\,方向间距×拉筋\,y\,方向间距} \tag{5-89}$$

5.2.4.5　筏形基础马凳筋算法

$$马凳筋长度＝上平直段长＋2×下平直段长度＋筏板高度－上下保护层厚－$$

$$\sum（筏板上部纵筋直径＋筏板底部最下层纵筋直径） \tag{5-90}$$

$$马凳筋根数＝\frac{筏板净面积}{间距×间距} \tag{5-91}$$

马凳筋间距一般为 1000mm。

参 考 文 献

[1] 中国建筑标准设计研究院有限公司. 18G901-1 混凝土结构施工钢筋排布规则与构造详图（现浇混凝土框架、剪力墙、梁、板）[S]. 北京：中国计划出版社，2018.

[2] 中国建筑标准设计研究院有限公司. 18G901-2 混凝土结构施工钢筋排布规则与构造详图（现浇混凝土板式楼梯）[S]. 北京：中国计划出版社，2018.

[3] 中国建筑标准设计研究院有限公司. 18G901-3 混凝土结构施工钢筋排布规则与构造详图（独立基础、条形基础、筏形基础、桩基础）[S]. 北京：中国计划出版社，2018.

[4] 中国建筑标准设计研究院有限公司. 16G101-1 混凝土结构施工图平面整体表示方法制图规则和构造详图（现浇混凝土框架、剪力墙、梁、板）[S]. 北京：中国计划出版社，2016.

[5] 中国建筑标准设计研究院有限公司. 16G101-2 混凝土结构施工图平面整体表示方法制图规则和构造详图（现浇混凝土板式楼梯）[S]. 北京：中国计划出版社，2016.

[6] 中国建筑标准设计研究院有限公司. 16G101-3 混凝土结构施工图平面整体表示方法制图规则和构造详图（独立基础、条形基础、筏形基础、桩基础）[S]. 北京：中国计划出版社，2016.

[7] 中国建筑科学研究院. 混凝土结构设计规范（2015 年版）（GB 50010—2010）[S]. 北京：中国建筑工业出版社，2015.

[8] 中国建筑科学研究院. 建筑抗震设计规范（2016 年版）（GB 50011—2010）[S]. 北京：中国建筑工业出版社，2010.

[9] 中华人民共和国住房和城乡建设部. 混凝土结构工程施工规范（GB 50666—2011）[S]. 北京：中国建筑工业出版社，2011.

[10] 中华人民共和国住房和城乡建设部. 混凝土结构工程施工质量验收规范（GB 50204—2015）[S]. 北京：中国建筑工业出版社，2015.

[11] 中华人民共和国住房和城乡建设部. 高层建筑混凝土结构技术规程（JGJ 3—2010）[S]. 北京：中国建筑工业出版社，2011.